U0527209

罗杰斯夫妇和女儿们①
（左为快乐、右为小蜜蜂）

罗杰斯和女儿们

罗杰斯夫妇和女儿们②

罗杰斯夫妇和女儿们③

一岁洗澡时的吉姆有着令人印象深刻的抬头纹

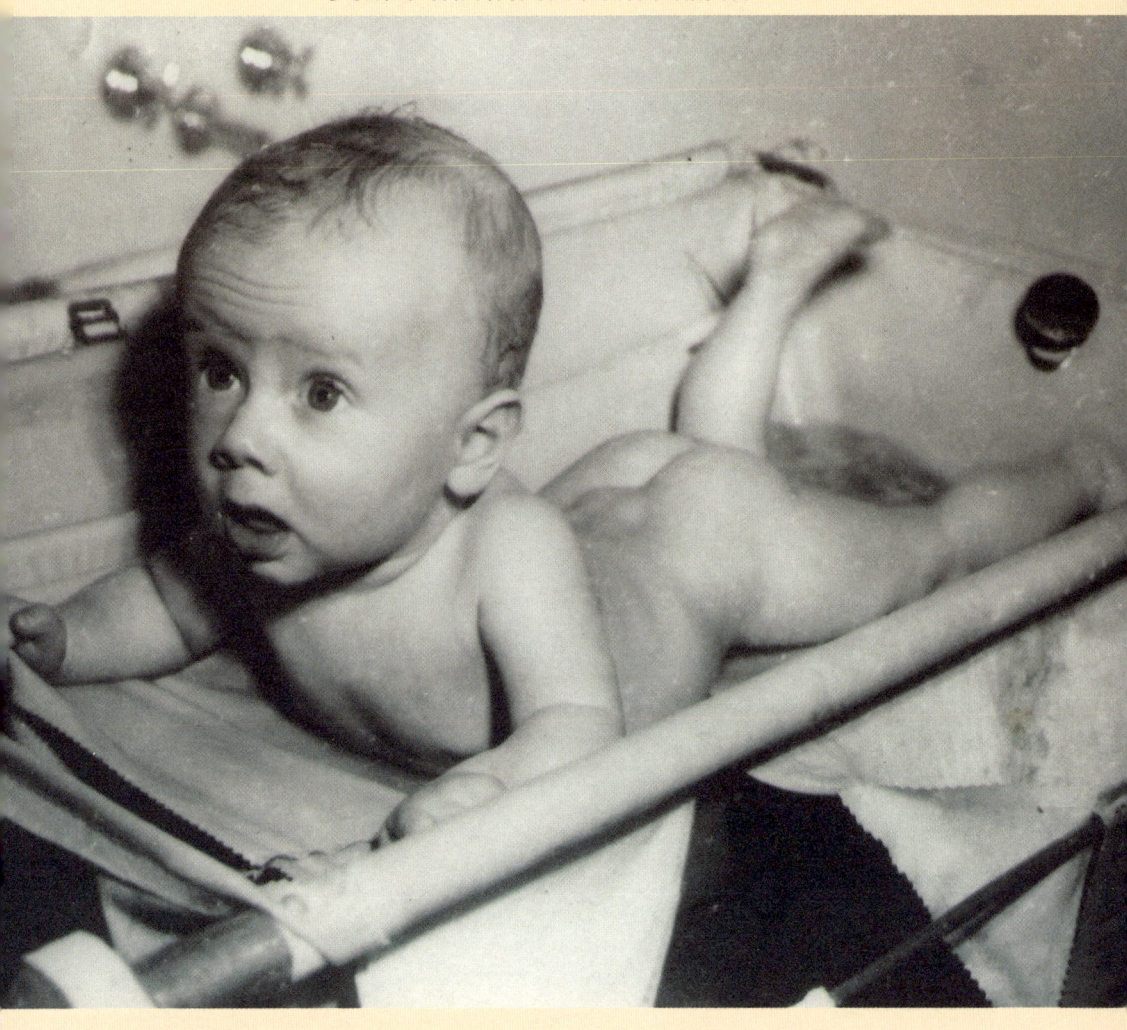

达奇（外公）和罗杰斯兄弟。
左一为吉姆，
坐着的小男孩是迪克，
站在他们身后的是马布瑞

马背上兴奋的吉姆

1955年，吉姆和弟弟们。从左到右依次为吉姆、迪克、马布瑞和布罗敦

吉姆和弟弟们。从左到右依次为吉姆、迪克、马布瑞和布罗敦

1961年,圣诞节全家福。前排为史蒂文,二排从左到右为詹姆斯(父亲)、恩奈斯汀(母亲)、格拉迪斯(外婆)、达奇,三排从左到右为吉姆、迪克、马布瑞和布罗敦

在牛津大学时的罗杰斯

罗杰斯与朋友在耶鲁大学进行舞台表演

罗杰斯通过小喇叭与赛艇队员沟通

1964年，牛津巴利奥学院新生入学合影，最后排左三为罗杰斯

1963年，耶鲁赛艇队合影，前排下蹲者为罗杰斯

1980年6月初，罗杰斯清空"量子基金"股份后将钱存入银行账户

五兄弟与外婆

罗杰斯和宝马摩托车

五兄弟与母亲。

全家福。左三为吉姆,左四为迪克,单膝跪地者为马布瑞,
老人为恩奈斯汀,中间蹲者为史蒂文,右下蹲者为佩吉和快乐

财商养成第一课

[美]吉姆·罗杰斯（Jim Rogers）著　石磊 译

A GIFT TO MY CHILDREN
A Father's Lessons for Life and Investing

罗杰斯写给女儿的 21 条法则

Jim Rogers.

湖南文艺出版社
HUNAN LITERATURE AND ART PUBLISHING HOUSE
博集天卷 CS-BOOKY

A GIFT TO MY CHILDREN by Jim Rogers
Copyright ©2009 by Beeland Interests, Inc.
All Rights Reserved.

ⓒ中南博集天卷文化传媒有限公司。本书版权受法律保护。未经权利人许可，任何人不得以任何方式使用本书包括正文、插图、封面、版式等任何部分内容，违者将受到法律制裁。

著作权合同登记号：图字 18-2023-262

图书在版编目（CIP）数据

财商养成第一课 /（美）吉姆·罗杰斯
（Jim Rogers）著；石磊译. -- 长沙：湖南文艺出版社，
2024.2

ISBN 978-7-5726-1534-4

Ⅰ.①财… Ⅱ.①吉… ②石… Ⅲ.①家庭教育—经验—美国 Ⅳ.① G78

中国国家版本馆 CIP 数据核字（2024）第 006999 号

上架建议：成功励志

CAISHANG YANGCHENG DI-YI KE
财商养成第一课

著　　者：	［美］吉姆·罗杰斯（Jim Rogers）
译　　者：	石　磊
出 版 人：	陈新文
责任编辑：	张子霏
监　　制：	于向勇
策划编辑：	陈文彬
文字编辑：	刘春晓
营销编辑：	黄璐璐　时宇飞　邱　天
封面设计：	利　锐
版权支持：	王媛媛
出　　版：	湖南文艺出版社
	（长沙市雨花区东二环一段 508 号　邮编：410014）
网　　址：	www.hnwy.net
印　　刷：	北京柏力行彩印有限公司
经　　销：	新华书店
开　　本：	700 mm × 980 mm　1/16
字　　数：	145 千字
印　　张：	17
版　　次：	2024 年 2 月第 1 版
印　　次：	2024 年 2 月第 1 次印刷
书　　号：	ISBN 978-7-5726-1534-4
定　　价：	58.00 元

若有质量问题，请致电质量监督电话：010-59096394
团购电话：010-59320018

A GIFT TO MY CHILDREN

我将这一切归功于佩吉,
希望我们的孩子能够兼得她们母亲的智慧与美貌。

A Father's Lessons for Life and Investing

推荐序
Foreword
❶

> A GIFT
> TO
> MY CHILDREN

我第一次采访吉姆·罗杰斯先生时，就被他两个女儿毫无外国口音的流利中文震撼了。起初，我只是认为，让女儿从小学中文，是这位世界投资大师高明、有远见的教育方法，并未想到与他的投资生涯有什么关系。随着采访的深入，我逐渐发现，其实，他早已将其投资理念融入自己的思维方式、生活轨迹（如移民新加坡）以及下一代的教育之中。

本书亦如此。这是一位普通父亲写给女儿的信。同时，也是一位华尔街投资神话的缔造者、两次环游世界并多次创吉尼斯世界纪录的冒险家、30年前就笃定"中国的世纪"即将到来的预言家、用全球视野与千年景深洞察世界的智者，写给每个人的投资哲学与人生感悟。

我曾问罗杰斯如何预测未来，他说："如果我知道，我就把它装到瓶子里，拿去卖。"我想，这本书就是其中的一个瓶子。他将所思、所想、所为和盘托出。正如孔子所言，"温故而知新"。

——张妮

《环球时报》经济部副主任、

《与吉姆·罗杰斯对谈七日——如何投资中国》一书作者

2017年12月于北京

推荐序
Foreword ❷

```
A GIFT
TO
MY CHILDREN
```

很多年前，我刚刚大学毕业，大学期间读的是管理，毕业后就做了一份办公室的工作，才短短几天，我心里一直觉得这不是我想要的工作，我对这份工作毫无热情。后来，一次偶然的机会我走进一间书店，买了一本书，叫《投资大师罗杰斯给宝贝女儿的12封信》。自此，我的人生改变了。罗杰斯先生在给女儿的建议中写到"做你自己""专注于自己真正热爱的工作"，这对我产生了很大的影响，我离开了原来的工作，开始寻找自己真正喜欢的事情。在后来的事业中，我投入自己所有的热情，生命开始充满活力和意义。

若干年后，我和我的先生开始跟罗杰斯先生有生意上的合作，终于有幸见到了作者本人，每一次的见面聊天都对我有很大的启发和帮助。给我印象深刻的是，无论罗杰斯先生工作如何忙碌，他每到一个城市，都会亲手写两封有当地风景的明信片寄给他的女儿们。罗杰斯先生也是个自我要求极其严格的人，数年来他始终保持着每天坚持运动3个小时的习惯，由此可见，他的成功并非偶然！

《财商养成第一课》这本书有关梦想、冒险、成长、投资与热爱，是罗杰斯先生一生的经历总结，此书更包含着他对他的女儿们与年轻一代的满满的爱和祝福。

在此，我强烈推荐此书给天下所有的父母和年轻人，愿所有的有志者永远热血沸腾，追逐梦想，面朝大海，春暖花开！

——王晓娜

TSB商学院董事长、鼎盛资本执行总裁

序 言
Preface

A GIFT
TO
MY CHILDREN

看过我之前撰写的书的读者，一定会立即就注意到，这本书有所不同。它既没有讲述我周游世界的奇闻异事，也没有谈及我对最佳投资领域的具体想法，而是落笔于我从生活经历中总结精炼的一些有价值的世故与教训。我认为，每个人，不论年轻还是年老，都会发现，这些世故与教训，在某些方面比我之前写过的任何内容都更有益处。我的两个女儿是我写这本书的动力。快乐，2003年出生，小蜜蜂，2008年出生，她们来到这个世界，改变了我的生活，也改变了我审视这个世界的方法。

就在不久前，我也许还会对自己会有孩子的想法嗤之以鼻。我生长在阿拉巴马州，是家中五个男孩的老大。我意识到，父母除了承担照看弟弟们的压力，还要承受养育五个孩子所必需的经济负担。随着生活与工作的变化，我忙于业务和旅行，根本没有时间考虑为人父母这个问题。这种状态似乎无休无止，我花费了大量的时间、精力和金钱追逐与满足我的事业与激情。实事求是地说，我时常对那些有孩子的人有一种同情感。我有些诧异，他们怎么有时间或金钱做其他事情。我告诫自己，绝不要做这样愚蠢的事。

然而，生动的一课在等着我。随着两个女儿的出生，我意识到，生活中没有比为人父母更弥足珍贵的事情。当然，这个时机必须成熟。事实上，假如我在二三十岁，或者四十岁，甚至五十岁的时候就成为父亲，对我，对孩子的母亲，尤其是对孩子，其结果可能是一场灾难。我现在已具备了经验，也有时间和精力投入到新的激情中——我的孩子们。

我还是孩子的时候，父亲常常把我拉到一边，向我传输经验与教训，意图培养通常我们所特指的"个性"。他的建议相当简单——努力工作、独立思考和公平待人。这些成了我待人接物的根本，伴随了我一生。而如今，我自己也成了一名父亲，我想将这些经验与教训记录下来，作为我女儿生活、爱情、闯荡和投资的指导方针，也为任何寻求建议或追逐成功的人们提供指导。

我希望，父母读这本书受到启发后，把这本书送给他们的孩子，

序 言　**Preface**　XI

反之亦然。我在书中列举的诸多经验与教训，不但适用于青少年，也适用于成年人，比如：遇事问个为什么，理解金钱的意义以及远离险境、远离坏人（"远离坏人"的英文原文为Beware of boys，这是西方非常流行的一部童话故事书，讲了一个小男孩独自进入森林，遇到一只大灰狼的故事，启迪人们要远离险境、远离坏人。——译者注）。

引 言
Introduction
❶

A GIFT

TO

MY CHILDREN

我亲爱的女儿们：

  你们的父亲是一名金融投资家，是一位努力工作、尽自己最大努力学习和掌握所有知识，以保证能够挣到足够多的钱，然后提前退休的人。结果功成名就，我得以在三十七岁时提前退休。我愿意与你们分享我生活中所获得的全部经验与教训。

  我成长在迪莫波利斯这个乡村小镇，曾经全部的心愿就是拥有足够的金钱，以保证我有充分的自由，在生活中做自己想做的事情。我五岁那年获得了人生中的第一份工作，在当地的棒球场上捡拾空汽水瓶子。整个童年时期，我还打过很多工，最终一路打进华尔街。在华尔街，我看到并且抓住了机遇，以追逐和实现我对于周游世界、了解世界的热爱与激情。在十五年的时间里，我积累了足够的财富，得以提前退休。脱离了必须到办公室日夜操劳的辛苦生活，我可以随心所欲地去任何想去的地方，可以挥洒我的冒险激情，了解全部的世界以及我们这个世界是如何运作的。

我一直以来都享受工作，享受成功。但是现在，能够给予我快乐胜过世界上一切的，正是我的家庭。我想与你们分享这一切，这对你们非常重要。这样，你们也能够拥有幸福和成功的人生。

2008年

引 言
Introduction
❷

```
A GIFT
TO
MY CHILDREN
```

我的女儿，快乐和小蜜蜂，自从有了你们以后，我发现我作为长辈，永远也不会停止学习。在这个全新生活中，你们给予了我太多太多，我之前绝对不可能想到，或不可能理解。现在适逢其时，你们正在迎来生命中的第二个十年，我对这本书做了增添，与你们分享经验、教训和建议。这些关系到你们的年少时期，伴随你们的成长道路。

我逐渐理解社区的所有人，而在有你们之前，我从不理解，也不感激或关心他们：父母们。因为有了你们，我也渐渐地了解了我自己的父母，真希望他们仍健在，这样我们就可以交换各自的观点。我倾听其他父母，向他们学习，与他们分享我的智慧和见解。

我认识到，任何人所能经历最澎湃的激情是爱，而没有比父母对自己子女的爱更伟大的了。这种爱最深厚、最真挚。对你们的爱，时常不经意间令我感慨万千。在你们俩出现以前，我从未像现在这样流过如此之多的眼泪。我为你们的成功和幸运喜极而泣，为你们的皮肉之苦或疼痛伤心流泪。但是，我想做的一切，是为了消除你们的苦难与痛楚，因为，我感受到的苦难与痛楚远远超过你们经历到的。幸运的是，绝大多数情况下，我的眼泪都是喜极而泣的。

有时候，我尝试着回忆，过去生活中的成功与胜利，是否能够在任一方面与我作为父亲所感受的喜悦相提并论。毋庸置疑，答案是：没有。你们让我完全变成了一个新手。我记得曾经嘲笑过某个人，这个人曾言之凿凿地告诉我："当你有了孩子，生活才刚刚开始。"现在，我已脱胎换骨，体验着截然不同的人生。

这个新手决定移居亚洲，踏上新的征程，这完全是因为你们。快乐，在你四岁的时候，我们移居到新加坡，之后不久，小蜜蜂，你就在这儿出生了。我希望你们学习并精通汉语，了解并理解地球上这一蒸蒸日上的地区，它将是你们人生中最重要的经历。

教育也是我们决定从美国移居到这儿至关重要的原因。亚洲的孩子在诸多国际考试中总是高居前位。相对应的是，美国的孩子再也没有

引 言
Introduction　XVII

进入过世界前20位或25位。我意识到，数十年前我所接受到的教育，目前在美国已极为罕见。

记得年轻的时候，我不知疲倦地努力工作以赢得自尊。现在的美国孩子都增加了自尊课程。而在亚洲，自尊课程根本就不存在。相反，孩子们被寄予厚望，通过自己的成就以赢得尊重，理应如此。

我那个时代的学生，如果能力不足或工作不够努力，就要承担失败的风险。如今在美国，这种情况已相当罕见，而在亚洲却不是这样。我在美国一所赫赫有名的大学担任教授的时候，曾给一名学生不及格的成绩，然而校方却推翻我的决定，让这个学生通过，以使他免受折磨。

我们刚到新加坡时，经常被问及为什么决定移居亚洲。我们通常的回答是，主要原因是教育体系不同。有一天，一位母亲问我是否打算让你们参加"小学毕业全国统考"（新加坡所有十二岁的孩子必须参加的一系列严格的考试）。这位母亲告诉我，新加坡许多父母都会尽他们的所能以避免让孩子参加这个考试。我告诉她，我赞同高标准、严要求、具有挑战性的学习环境，这正是我们来到这儿的原因。

我对此一无所知！我真希望现在能够找到那位母亲，对她表示我的感慨。我的确不知道，亚洲的教育如此耗费时间和精力，远远超出我能够想象到的状况。尽管如此，我也没有让你们退出这个体系，部分原因在于，你们俩已经做得非常优秀。当然，我还是会不时地质疑自己的决定。我坚持自己的决定，我认为亚洲一直在崛起，在过去的数十年繁荣发展。与此同时，美国由于债务增加、教育体系衰弱，目前已成为世界上非常大的债务国。

你们开始阅读时，我就教你们如何阅读《麦加菲学生读本》。这些书从19世纪末期到20世纪中期一直是美国学生的教育用书。正是这几代人，使美国成了20世纪最成功的国家和最大的债权国。互为因果？我不知道，但我确实知道，《麦加菲学生读本》创立了一种先进的、富于挑战性的阅读方法。直到今日，我还津津乐道于阅读高年级版本。但是，我可以想象，那些本来让十二岁以下的孩子们阅读的版本，对今天美国的青少年和大学生同样是一个挑战。

阅读的力量，我对你们再怎么强调都无可厚非，它对成功的人生极为重要。我高兴地看到，你们俩都已认识到了这一点。只要我允许，你们俩都能够整天阅读。我曾告诉过你们，在新加坡，我愿意买任何一本你们想要读的书（或Kindle上的电子书），很多时候我都认为，你们可能接受了我的建议。我不知道你们是如何或者为什么在这么小的年纪就如此钟爱阅读的。但是我希望，你们能持之以恒，让阅读成为伴随

引 言
Introduction　XIX

你们一生的热情与激情之一。令我欣慰的是，阅读是你们的主要"恶习"，希望你们能一如既往地保持。

既然你们如此钟爱阅读，我现在专门为你们写一本书，就显得愈加恰逢其时。我希望，你们能将我给予你们的经验与教训、分享的建议与想法铭记在心。但愿我能够为你们带去一个比你们带给我的更加美好的生活。

2017年

目 录
Contents

```
A GIFT
TO
MY CHILDREN
```

第 一 章　你的生活你做主，不要让别人左右你的思想 /001

依靠你们自己的才能智慧 /003
如果所有人都嘲笑你的想法，就将它视为成功的潜在征兆 /005
我行我素，勇敢自信，独出心裁 /008
首要的事：道德至上 /010
存钱 /011

第 二 章　专心致志于自己喜爱的事情 /013

当你对某一目标充满激情时，年龄无关紧要 /015
致力于你热爱并对之充满激情的事业 /016

第三章　生活与投资中的好习惯 /019
做一个积极主动的人 /021
注重细节是区分成功与失败的关键 /023
生活要有梦想 /027

第四章　常识？并非真正的常识 /029
绝大多数人感知到的智慧都是一种错觉 /031
媒体常常鼓吹传统智慧 /034

第五章　让世界成为你们认知的一部分 /037
不要依赖书本，走出去，亲眼看一看世界 /039
理解金砖四国的重要性 /042
不论在国内还是国外，以开放的心态接受不同种族的人 /045
敞开心扉，做世界公民 /048

第六章　学习哲学，学会思考 /055
哲学教会你们如何自己思考问题 /057
当前的哲学著作是否有助于我们思考 /058
两个思考方法 /059
不要忽视熊市 /061

第七章　学习历史 /063

一个宏观的世界，才是你们所需要的 /065
哪本历史书告诉我们真相 /066
行万里路，读历史书 /067
历史向你显示的市场驱动力是什么 /068
一切都不足为奇 /069

第八章　学习普通话，现在是中国的世纪 /071

普通话将成为下一种全球语言 /073
关注世界正在发生的重大变化 /074
买入中国股票，就是买到了这个国家的未来 /076
中国等同于宝库 /078

第九章　知道短处，承认失误 /079

自知之明 /081
人们易受从众心理左右 /083
处惊不乱，掌握心理学 /086
在市场失控的时候卖出 /088

第十章　认识变化，接受变化 /091

万事万物皆变化 /093
任何公然蔑视供需基本原理的人都无法生存 /094
变化可以是某种催化剂 /095
应对变化 /096

第十一章　展望未来 /099

假如看到未来的报纸，人人都能成为百万富翁 /101
许多国家将要分裂 /103
不要将赌注押在行将就木的事物上 /104
女性时代来临 /105
关注所有人都熟视无睹的领域 /106
越肯定的事情，获利的可能性越小 /107
不要以愿望代替思考 /108
知道何时不做事情 /110

第十二章　幸运女神总是青睐坚持不懈的人们 /111

做好功课，否则，最后你手里会只剩下一个玻璃珠 /113
傲慢会让你无视真理 /115
梦想之路永不停步 /116
将这些信息传递给你们的孩子 /118

第十三章　学校的日子 /119

善于包容差异 /121
回击校园霸凌 /123
学生成功之关键 /125
关于全面发展 /126
关于寄宿难题 /127

第十四章　禁忌与戒律 /129
健康饮食 /131
关于文身 /133
想得开，看得远 /135

第十五章　为生活而成功 /139
再试一次，不要放弃 /141
有规律的作息 /145
锐意进取，你最优秀 /148
勇于提问 /150
保证睡眠，也许还能梦见成功 /152

第十六章　展现才华 /155
你们自己的才华 /157
发现孩子的才华 /159
音乐之声 /161

第十七章　女孩的力量 /163
性别观念的转变 /165

第十八章　情感问题 /169
初恋之情 /171
伤心不已 /173
终身朋友 /180

第十九章　生活与爱情箴言 /183

切忌衣着暴露 /185
伸出你的援助之手 /188
行得正，做得直 /190
谦卑为上 /191
诸多宗教兼收并蓄 /193
和为贵，安冲突 /194
尊重自己，尊重他人 /196
倾听的益处 /197
孤独的圣洁 /198
宽容的重要意义 /201
善待健康 /205
不要评判他人 /206

第二十章　勇于冒险 /207

勇敢闯荡 /209
寻找危险之地 /210
保证安全 /214
益友同行 /216
学会看地图 /218

第二十一章　了解金钱 /221

如何投资 /223
他山之石，可以攻玉 /227

A GIFT

TO

MY CHILDREN

第一章

你的生活你做主，不要让别人左右你的思想

A Father's Lessons for Life and Investing

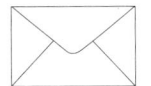

小贴士

✪ 我们在成长过程中学到的许多格言，在实际生活中都至关重要，这也就是为什么这些格言能够经受住时间的考验而流传下来。

✪ 永远买高质量的产品。它们可以使用得更长久，且保值。

✪ 每次去食品店购物前，一定要先吃一些东西！如果饿着肚子去食品店的话，你最终买的食品肯定超过你的需求！

✉ 依靠你们自己的才能智慧

　　生活中总会有许多时刻,你们必须做出至关重要的决定。你们会发现,只要你们提出寻求建议的请求(甚至你们不提出),就会有很多人随时准备给你建议。但是,永远记住,你选择的生活是你自己的生活,不是其他任何人的。因此,关键是,你自己要先想明白什么对你最重要,什么是你所希望的,然后再向其他人征询意见。因为,尽管别人的建议时常是博学智慧的,但无论如何,别人的建议在更多情况下被证明完全没有意义。分析、评估其他朋友建议的唯一方法,就是尽一切可能努力学习,了解你所面临的任何挑战。只要你做到了这一点,绝大多数情况下,你都能够独立自主地做出明智合理的决定。

你们具有判断什么对你们有利,什么对你们无利并做出决定的能力。大多数情况下,你们的决定是正确的,并能够采取恰如其分的行动。你们这样做,远比没有依据自己的判断而做出决定要更加成功。相信我,我深知此理。

在我投资生涯的早期,我曾根据同事们的意见,制定了几项重要的商业决策,而不是自己进行必要的研究分析后再做出明智的决策。这并不是因为我个人懒散,还没有人曾指责过我懒散。但是,当时作为华尔街的新人,我会想当然地认为,那些资格更老的同事肯定比我知道得更多,所以,我过于倚重他们的意见。你知道发生了什么吗?在那些投资中,每一项最终都失败了。之后,我强制自己不再受其他人意见的影响,开始依靠自己的能力,根据自己的分析做出决定。我直到三十岁时才认识到这一点,同时我也明白了,对我们来说,改变生活方式与商业行为任何时候都不晚。

我记得曾读过一本采访美国女游泳运动员唐娜·瓦罗纳(Donna de Varona)的杂志,她是1964年东京夏季奥运会两枚金牌的得主。记者在文章中指出,在唐娜·瓦罗纳的早期运动生涯中,她曾经是一名优秀的游泳运动员,但不是一名伟大的运动员。当时，那位十七岁的游泳运动员在两项四百米的游泳赛事中获得冠军，到底发生了什么？她回答："我经常观看其他人比赛，然而，我学会忽视他们的存在，我只坚持游出自己的水平。"

如果所有人都嘲笑你的想法，就将它视为成功的潜在征兆

如果周围的人试图劝阻你不要采取某些行动，或者奚落嘲笑你的想法，你们应该将此行为当作积极的迹象。的确，不随波逐流是一件很不容易的事情，但是，事实的真相却是，大多数成功的故事正是由那些不合群、不随波逐流的人写就的。我来给你们一个案例：

在我三十二岁那年，华尔街的一名同事邀请我参加由一群精明

能干、事业有成的金融家组织的活动,他们经常不定期地聚餐交换意见。当时,我和一名合伙人刚刚开始做名为"量子基金"的对冲基金。被邀请参加这类晚宴,对我来说意义重大。我必须承认,当时我确实有些紧张。毕竟,这些人是我们这个领域里的大鳄,而且他们中许多人都比我经验丰富。

我们聚集在曼哈顿中心一家富丽堂皇的餐馆私人包间,主持人挨个询问在座的每一位客人,请他们分别推荐一个投资项目。绝大多数人都吹嘘那些所谓正在增长的股票。轮到我时,我推荐洛克希德,就是那个航天航空公司。该公司曾有过辉煌业绩,但到20世纪70年代,遭遇灾难致使股票大跌。坐在我对面的家伙露出不自然的笑,耳语道,但音量足以让我听到:"谁会买这样的股票?干吗买一家破产公司?"

大约六年以后,我偶遇这位校园霸凌似的家伙。我竭力忍住想要提醒他当年显示傲慢态度的迫切感,但这确实很难。因为,洛克希德股票大涨,股值成倍成倍增长,个中原因,我在当时聚餐过程中已经解释得非常清楚。这家公司剥离了一个巨额亏损的部门,集中资金投入到关键的电子对抗系统这一新领域。与此同时,正如所预测的,国防开支被削减一段时期后,再次迅速增长。

第一章
你的生活你做主，不要让别人左右你的思想

我在中国的投资也经历了类似的情况。直到20世纪90年代末期，也很少有西方金融家在中国投资。然而，确实有人发了大财。我所知道的事情，其他人不知道吗？是的，回到20世纪80年代，我就感觉到了中国的潜力，决定尽可能地学习和了解这个国家，然后开始在中国进行投资。许多人说我疯了，但是，我相信我的直觉，我尽最大努力学习并了解中国，研究能够找到的一切相关文件。然而最有价值的研究和学习，是我亲自驾车数次穿越这个国家——这是一个真正巨大的国家。下面是我亲眼看见所了解的中国：

中国拥有超过十亿的劳动力，他们将三分之一的年收入存入银行。这是个令人瞠目结舌的巨大数字。相比之下，美国的存款比例仅为百分之四（今天，这一比例又减半，降到百分之二）。在中国旅行中的所到之处，我看到经济体制，感受到进取精神和企业精神，这些曾经代表了中国几个世纪的特征，仍然存在，而且，再也没有走回头路。

中国人从黎明到傍晚努力工作，实在令我震惊。在一座小镇，我遇到一位农民，当地人称他为"苹果大王"，因为他拥有一个很大的果园。在另一座小镇，我与一位经营有方的餐馆酒店老板聊天，他非常自豪地告诉我自己是如何起家的，他是靠每天卖早点给

那些早起走路上班的劳动者。在中国的城市里，到处都是大学毕业的孩子们，立志奋斗、编织他们的未来，享受着比他们父母这一代人更大的繁荣。人们学习英语和日语，而不是俄语；他们看得到谁有钱。西方媒体对中国所发生的变化视而不见。如果我没有亲自到中国，使自己置身于中国的社会生活之中，我也会视而不见。我带着思考离开中国："这样的国家怎么可能不发展？"从那以后，中国的经济发展速度不但远远地超越了美国，而且超越了世界上几乎所有国家。

我行我素，勇敢自信，独出心裁

好好研究一下在本职岗位上事业有成的男男女女们。现在，每个人都有可能撞大运，但是，我要说的，是那些能够做到持续不断

第一章
你的生活你做主，不要让别人左右你的思想

成功的人。无论是艺术家或是音乐家，高中老师或是大学教授，他们对待自己的工作都是采取令人耳目一新的独特方式。对公司和企业来说，这一点也是毋庸置疑的。举例来说，看看苹果公司，史蒂夫·乔布斯以及苹果公司拒绝接受传统智慧，他们没有被电脑业巨头IBM和微软打败。苹果公司继续研发生产高质量的创新产品，从此将自己从濒临倒闭的企业名单中去除。

我希望你们能够以这种勇气和虔诚之心去追逐你们的愿望与理想。你们的父亲是一位成功的金融投资家，但是，这并不意味着你们也必须是金融投资商。我对你们俩的期望是：我行我素，勇敢自信，独出心裁。亦步亦趋之人永远也不会成为杰出的成功者。

✉ 首要的事：道德至上

随着你们向着成年阶段成长，我还会继续给你们指导。也许会有许多时候，我不同意你们的选择，但是，不要因为我是你们的父亲，你们就必须接受我的建议。我视你们为独立的人。其他人可能会说，你们太年轻，还不能自我决定。我说，做你们想做的事，只要你们依靠自己的判断力来确定这件事情在道德上是正确的。

虽然你们无须被传统智慧以及其他所谓的固有观念所困扰，但是，你们必须尊重和遵守规章制度、法律条律以及道德实践，因为没有它们，社会就不存在了。这是对所有人的期望和要求。这不仅仅是适宜生存之路，还是明智之路。品德高尚的人不会将自己置于法律纠纷之中，他们总是在长远意义上大有成就。也有一些聪明的人，使自己陷于严重的法律纠纷之中，因为他们试图以投机取巧的方式赚钱，或者采取非法手段。假如他们专心致力于使自己努力，他们也许会合法地赚到更大的利润。

✉ 存钱

你们将来会遇到许多人，他们会敦促你自由自在地花钱；他们会这样告诉你："钱，生不带来，死不带走！"随着你们的长大，你们可能会有许多天天都在豪华餐厅吃大餐的朋友，他们会时不时地购买最新的精巧小玩意儿，或最时尚的衣服，在漂亮的海滩度假村度假。你们必须避免落入这类随意花钱的陷阱。不仅仅是因为这是一条财务灾难之路，它还会让你们忘记生命中更重要的东西。

我的意思并不是说，你们永远不要旅游或购买任何贵重的东西。我只是建议，你们应该理智地思考一下，你们考虑要买的东西或想要做的事情，是否真的值得，或者是否有益，或者这种欲望只是稍纵即逝。我曾经娶过一个女人，那个女人无休无止地叨叨要买新沙发、新电视机，买这个或那个。我解释说，如果我们存钱，进行明智的投资，终有一天，我们将有能力买十个沙发或任何东西。无须再说，我们的婚姻没有维持多久。现在，我非常幸运地拥有你们的母亲，她在个人理财方面与我志同道合。

快乐，你已经有了五个储蓄罐，非常喜欢把钱往里面塞。请继续存钱。那些善于存钱和明智投资的人，在他们的一生中很少面对财务困境。所以，帮助我教会你的小妹妹小蜜蜂存钱的重要意义。

A GIFT
TO
MY CHILDREN

第二章

专心致志于自己喜爱的事情

A Father's Lessons for Life and Investing

——小贴士——

✪ 不要在意别人评价你们的风言风语。你们最了解自己，任何人都不如你们了解自己，那些评价根本就不值一提。你们受到攻击自然会感到很艰难，但生活的路就是要一步一步地走。关于生活，有一件事情还是比较有利的，就是绝大多数人都健忘。他们很快就会忘记事情，所以，一定要坚强。

当你对某一目标充满激情时，年龄无关紧要

1947年，我五岁，那年我开启了自己的第一次商业活动。也许，你们认为，你们现在作为一名企业家有些太年轻了，但是，当你热衷于某件事，充满激情地做的时候，年龄就无关紧要了。我没有与小伙伴们一起打棒球，而是更愿意将我的时间用于在赛场上收集空瓶子，挣点小钱。当我父亲主动提出贷款给我，让我启动自己的小生意，我迫不及待地就接受下来。我用100美元购买了一台花生烘烤机，这在当时这个偏远落后的地区亚拉巴马州是一笔巨款。我在少年棒球赛期间卖烤花生和饮料，卖得非常好。我急匆匆地穿

梭于座位过道间，争取在赛事结束前尽可能地多卖一些；不久，我又雇我的弟弟和朋友帮助我一起卖。五年后，我还清了从父亲那里获得的贷款，在我的银行户头里仍然剩下100美元。

在牛津大学的研究生院学习时，我意识到，相比当一名企业家，自己更喜欢金融投资。我用自己的奖学金购买了IBM的一些股票，立刻就被这一行业迷住了。当你发现某件事能使你产生极大兴趣时，绝不要被自己的年龄阻碍。要勇敢自信，正如耐克运动服饰公司的广告语：Just Do It——想做就做。

致力于你热爱并对之充满激情的事业

人们从何处开始才能成功？答案很简单：尽可能地尝试更多事情，然后投身于一项（或两项，或三项）你热爱并对之充满激情

第二章
专心致志于自己喜爱的事情

的事情。我在金融投资领域大获成功，就是因为这是我最享受、最情有独钟的事情。假如你喜欢烹饪，就去开一间餐馆。去学跳舞，如果这是你的专长。如果你热爱园艺，去做一名园艺家。也许有一天，你能够开一家连锁园艺商店。成功的最快途径，就是做自己最喜欢的事情，全力以赴地去做。

对我来说，我对金融投资的热爱，与我对世界不同地区正在发生的一切细节的掌握与研究密切相关。还是一名大学生的时候，甚至更早在中学的时候，我就热衷于对世界其他国家的了解，包括它们的历史。在华尔街工作时，我意识到，许多人实际上都是花钱来获得这些知识的。比如说，由于智利即将发生革命，铜价有可能上涨。

我所知道的，世界上最不幸福的人，就是那些受困于自己不喜欢的工作的人；许多人不幸福的原因，是他们不愿意放弃这份工作所带来的薪水。我小学的时候，有一位名叫玛丁夫人的老师，她为自己教授的每一门课都注入了生命活力。这是全美教师工资最低州的乡村！我很少遇到像玛丁夫人这样如此幸福，又如此敬业的人，她显然从自己的工作中获得了极大的满足感。

在更早些时候，如果我能够负担得起，我一定会免费工作。追寻自己的激情与热情的人们根本不是"去上班"。他们每天起床，迫不及待开始饶有兴趣地做他们最喜爱的事情。我是一名金融投资家。如果我试图做其他事情，诸如成为一名医生，或时尚设计师，或其他什么人，我的生活最终不会像现在这样美好。（如果我当初选择时尚设计，情况会特别糟糕。我从来就不懂得颜色搭配；感谢上帝，有你们的母亲。）这就是为什么我一直强调，最佳选择是从某件最使你感兴趣的事情开始，而且你真正享受这份工作。即使你追寻自己的激情与热情，而这并没有使你变得富有，你也会在精神上富于满足感。只要做自己喜爱的事情，获得成功就大有希望。

A GIFT
TO
MY CHILDREN

第三章

生活与投资中的好习惯

A Father's Lessons for Life and Investing

—小贴士—

✪ 假如/每当你向别人借钱,如果无法提前归还,一定要按时归还。信誉好至关重要,信誉差能困扰你许多年。

✪ 当生活出现困难与挫折时,承受并克服苦难。你们最终会比以往更坚强。

做一个积极主动的人

十四岁那年,我每周六上午为我的"秦叔叔"打工。自20世纪20年代起,他就被称作这个名字,因为亚拉巴马州人认为他长得有点像中国人,现在回想起来,这简直太可笑了。他拥有一家小便利店,街对面还有一个牲畜栏和一家工厂。工人们散步溜达进来,买三明治、纸烟、嚼烟等商品。我的工作就是帮助招待顾客,给货架上货。有的时候客人不多,但我从不闲坐,部分原因是听从我父亲老吉姆的教诲,他是镇上"美国倍腾化工集团"的厂长。

"总有一些事情你可以做,"他经常这样说,"如果没有其他事情,可以擦一擦货架上的灰尘。"我就是那样做的。我的积极主动给我叔叔的印象非常深刻，所以无须我提出来，他主动给我加了工资。这对我是一个天大的惊喜，因为"秦叔叔"钱管得紧是出了名的。

三四年后，我将同样的激情与活力注入从布鲁克先生那里获得的另一份工作。他是当地的一名住房建筑商。最初，我甚至连用锤子直接砸钉子都不会，现场的其他工人毫不留情地挖苦我。但是，每当我们等待建筑材料运到，或没有其他活儿做的时候，我就收拾废弃的木材，或者打扫锯末，或者找其他我能发现的活儿做。"随你们怎么说，"承包人告诉这些工人，"这个孩子从不休息。他对待工作的态度非常正确，而且他采取了正确的方法，所以我就要他为我工作。"最终，我确实学会了用锤子钉钉子，而且速度与其他人一样快，还有打地基、上房顶以及其他必要的盖房技能。如果我没有正确的职业道德，我永远也不会获得这样的机会。

注重细节是区分成功与失败的关键

如果你热爱并重视你所做的事情，你就会自然而然地希望尽自己最大努力将其做好。在金融投资领域，与生活中一样，微小的细节常常能甄别出成功与失败之间的差异。所以，你们一定要专心致志！对于决策所需要的信息，无论它们看上去是多么细枝末节的小事，你们都一定要调查研究，确认每一条信息。不要遗留任何没有经过调查核实的问题，产生模棱两可的焦躁感。人们没有成功最常见的原因，就是他们的调查研究出现失误，或者局限于现有可以获得的信息。只有通过一丝不苟地调查研究，你才能够获得充分必要的知识以达到成功。这需要大量的工作、勤奋和努力，因为付出的努力能让你比竞争者占据显著优势。

我还在耶鲁大学读本科的时候，我问一位历史系的朋友，为最近的一门课程考试花费了多少学习时间。"我花费了五个小时。"

他带着一种满意的神态说。我无法告诉他确切的时间，因为我从没有"终止"过学习。从亚拉巴马州乡下进入耶鲁大学，告诉你们实话，对我来说实在太难了。其他学生中许多都上过精英预科学校，远比我准备得更充分。但是，后来证明，我的优势就是比他们学习更刻苦更努力。对我来说，根本就没有"足够"这个词，没有终点线。

当你们决定进行金融投资或其他任何高精尖项目时，千万不要低估了投资前尽职调查的价值。阅读研究所有你能够得到的财务报告，包括详尽的注释。如果你只阅读公司的年度报告，你已经完成了百分之九十八的投资者应该做的。如果你阅读了财务报告的注释，你就能够超过百分之九十九点五的投资者。通过自己的采访和详细调查，核实这些财务报告数据以及公司高层管理人员公布的未来发展预测；与客户、供应商、竞争对手，以及其他任何可能影响公司发展的人员沟通交流。当你确信无疑，自己比华尔街百分之九十八的金融分析师都更清楚地了解某家公司之后，你才能进行实际投资。相信我，它一定成功。只要你比其他人更勤勉一些。

20世纪60年代，通用汽车公司是世界最成功的企业，人人都渴望拥有该公司的股票。某一天，通用汽车公司的一名分析师带给

第三章
生活与投资中的好习惯

董事会一条信息——日本人来了。董事会成员们没有理会这位分析师。事实上，他们根本就不屑于听分析师说什么。而那些做足自己调查研究的金融投资家，将他们手中价值很高的通用汽车股票立即卖出，之后买进丰田汽车股票。日本公司生产小型、高效和非常可靠的轿车，很快就在世界上抢占了巨大的市场份额，包括美国市场。美国的汽车制造商们长期以来习惯于支配市场，而不是倾听客户的需求。从此以后，美国的汽车制造商们被迫奋起直追他们的日本竞争对手。

这里还有一个案例：就在20世纪90年代，华尔街上没有比西尔斯更合算的股票了。然而，几乎没有人意识到一家正在崛起，名字叫"沃尔玛"的折扣商店，它的股值似乎一直都很廉价便宜；金融投资商们从未费心地注意和研究整个美国境内的小城镇上发生了什么事情。而那些注重研究的投资商开始购买沃尔玛的股票，而放弃西尔斯、JC彭尼以及其他高价值的商品股票。

在某一特定国家进行广泛的金融投资时，必须从审查该国家基本制度的优势开始。它是否尊重法律法规？它是否打击腐败？它的法律制度是否有利于企业的道德行为？然而，了解这些内容，你不可能单靠简单地阅读报纸和杂志上刊登的文章。你必须亲自到这个国家去，亲眼看一看，比如说，这个国家是否有外汇黑市交易市场。如果该国家有这样的外汇黑市交易市场，那么，你就知道，这个国家有诸多问题。只有在当地政府实施人为控制的情况下，外汇黑市交易市场才能存在。官方汇率与黑市交易市场汇率比价之间的差异，代表着该国问题的严重程度。这就像是一个病态趋势。发烧越高，病症就越严重；换句话说，这个差异越大，问题越严重。

1990年至1991年，我进行第一次摩托车周游世界冒险期间，期待着在阿尔及利亚度过一段时间，也就是我在非洲的第二站。我过去一心想在这个国家进行金融投资。但是，当我发现这个国家的外汇黑市交易市场居然还有百分之百的附加费用的时候，我立刻就失去了任何兴趣。阿尔及利亚的问题数年后就显现了出来。我后来才琢磨明白，政府对价格的管控处于杂乱无章的状态，而政府又印制大量钞票用来支付。工人、商人以及所有人的工资都被高压强制榨取。因此，不久人们通过投票选举出了反对党，然而被军事政变推翻，这一切也就都不足为奇了。在新旧世纪交替之际，非洲的津巴布韦是一个主要的农业出口国，同时也向国外出售煤炭和其他矿产品。它的汇率比较稳定，证券市场吸引金融投资家转向了这里运营良好的公司。然而之后，津巴布韦的政治环境急剧恶化，拖垮了国内经济。现在，这个国家由于暴力和腐败已变得四分五裂，人民绝望地乞求食品救济，国家的出口几乎直降为零，年通货膨胀率超过百分之二十万。政府只管印钞票酬谢它的朋友们，所以，那些金钱会在几乎一夜之间失去它的价值。

生活要有梦想

　　除找到一份令你们感到愉快、心满意足的职业之外，你们必须要有梦想。在我年轻的时候，我以为，赚钱是一种乐趣，但除了想法，我没有真正的计划。假如我当时再继续没有计划地走下去，我可能早已失去了兴趣。在世界各地进行金融投资，使我直接接触到了各种各样的文化和不同的人群。最终，我认识到，我的梦想就是寻求冒险，尽我所能通过自己的眼睛看到并了解这个世界。所以，在三十七岁那年，我驾驶摩托车开始了环球旅游。

你们明白吗？当你开始做某事的时候，你也许对未来还没有一个具体的蓝图或愿景。但是，当你继续对生活倾注全部热情，孜孜不倦地做着你最喜爱的事情时，你终究会发现你的梦想。这个梦想也许会转变成另一个梦想，再转变成另一个。在我生命的此时此刻，你们，我的女儿们，是我生活的中心，是我的激情所在。这就是我为什么要尽可能地与你们度过每一时刻。你们是我今天的梦想，我对你们俩的一切期望就是，做自己喜爱的事情，冰雪聪明，怡然自得地享受富于梦想的生活。

A GIFT
TO
MY CHILDREN

第四章

常识？并非真正的常识

A Father's Lessons for Life and Investing

——小贴士——

✪ 对任何诸如"必须看""必须尝试""必须读"都应有所预防,尤其是特别流行的。

✪ 花些时间静思,了解并理解自己的想法。通过理解自己的想法,你会对自己更加了解,你会看到自己的未来,因为,心动引致行动。

✖ 绝大多数人感知到的智慧都是一种错觉

我曾写过，你们需要相信自己的智慧，要自己思考。你们正在经历着一次被称为"生活"的旅程，你们将会遇到并学习传统智慧——那些公认的"真理"，包括如何举止得体、学习什么、应该吃什么、如何投资等。你们要记住，永远不要盲目地接受你们听到的和看到的，不论有多少人都相信，或者他们如何强烈拥护和提倡。永远考虑是否有其他可选项。许多广为社会所接受的流行信念常常是错误的。我想在这里说明，如何才能理解"常识"的真正意义。

这里有一个关于传统智慧谬以千里的经典案例。20世纪70年代，由于美国政府削减国防支出，致使国防工业证券市场价格大幅跌落。有些承包商濒临破产边缘（其中就有洛克希德·马丁公司）。无人有胆量投资国防工业，特别是传统观点认为，国防工业的市场份额将会继续下跌。

但是，如果你自己分析一下国防工业最近大幅下跌的原因，即使不是什么圣贤，你也能够预见到一个光明的未来。其中之一就是，这场荒诞无稽、旷日持久的越南战争，终于在1975年停止了，但战争大大削弱了美国的军事实力。因而，美国需要一次大刀阔斧、彻底的革新。同一时期还在进行的"阿以战争"，使这一令人担忧的问题彻底明确了。地球另一边爆发的这场争端，令美国政府清楚地看到了，自己没有做到未雨绸缪，难以兼顾我们自己以及我们的同盟。我们的政府开始对国防工业再一次倾注大量资金，强烈刺激了那些国防工业的证券市场。有些股票价值在之后的十年或更长的时间里，最高成百倍地增长——与诸多分析家自以为是的预测完全相反。

另一个范例，1970年的原油价格每桶低于3美元。绝大多数专家相信，原油价格在可预见的时期内会一直保持在这个低水平。许多人对此确信无疑，因为这些让人耳目一新的新技术，诸如钻石钻

第四章
常识？并非真正的常识　　033

头、深井钻探、近海平台，加之在阿拉斯加、墨西哥和北海地区都发现了大油田，几乎所有这一切都保证石油持续低价。然而，细致深入的研究显示，我们的石油供应不可能满足世界不断增长的需求。经济学基础课程告诉你，原油价格注定要大幅攀升。

于是，我在1971年前后投资石油。十年后，石油价格上升至每桶35美元。到那时，人人都投资石油（包括曾经低估石油价格的人们）。很显然，石油市场已经过热。我们的石油开发迅速发展，20世纪60年代发现的新油田开始产油并进入市场。同时，石油需求增长减缓，许多人开始自觉地形成能源意识，购买节省能源的汽车，在家里也将汽车的恒温器进行调整。1978年，石油产量在这些年中第一次实际超过消费。我卖掉了我的石油股票，直到1998年才再次购买。任何后来投入大量资金的人，都非常清楚从那以后发生了什么。

✉ 媒体常常鼓吹传统智慧

你们应该每天阅读报纸，但是，就传统智慧而言，要带有一种明智的怀疑主义去读报以及使用其他媒体。我年轻的时候，报纸被尊崇为公正、客观的新闻来源，远比今天的报纸更公正客观，很多报纸都是如此。当然，正如传统智慧的所有传播方式一样，报纸有时也会落入陷阱，报道自私自利者散布的信息，或者未能深入挖掘的事实。我发现，自己曾不止一次地依据饱受质疑的信息或虚假报道做出投资判断。

从此，我学会了如何更有效地依据媒体报道进行自我判断，时而将媒体不准确的报道转变为我的优势。每当我要做出投资决策时（或决定投票给谁，等等），我都会将媒体报道与其他来源的信息进行核对，这些可能获得信息的来源，包括政府报告、国际组织机构报告、公司报告、竞争者观点等所有我能够找到的资源。我仔

第四章
常识？并非真正的常识

细浏览文件，密切关注最接近公司新闻稿所使用的语言的内容。然后，我认真分析这些数据和论证，试图发现这些论证的得出，是否基于可靠的统计逻辑。

20世纪80年代，我在哥伦比亚大学担任客座教授期间，我的学生们似乎经常惊讶于我在决策过程中对大量细节的掌握，然而，这是任何想要超越传统智慧的人所应具备的基本技能。我会阅读能够获得的任何文件。如果我对某件事情有质疑，我就看电视或读报，之后就会到世界上任何我需要去的地方进行实地调查了解。在同一个问题上找出诸多相关联的观点，总能够帮助你分析出问题的真相。

当然，在21世纪的今天，我们都已被泛滥成灾的信息所淹没，绝大部分信息来源都不可靠，半真半假（也有带偏见性）。令我惊诧不已的是，似乎极少有人费心去证实信息的真实性，而这些信息正是他们将要进行重要决策的依据。正如法国作家伏尔泰在他的《哲学词典》所说的："常识，并非真正的常识。"美国巴顿将军曾经这样说过："如果人人都想到一处去了，那么有些人就没有动脑子。"

A GIFT
TO
MY CHILDREN

第五章

让世界成为你们认知的一部分

A Father's Lessons for Life and Investing

---小贴士---

✿ 无论在什么地方，或见什么人，做到彬彬有礼、温文尔雅、落落大方是永恒的真理，总是能让你们脱颖而出。理解每个社会群体的道德习俗，因为，彬彬有礼在各种各样的文化背景下，表现也不同。

✿ 谨防任何地方的政客。他们在学校时就城府很深，之后一直擅长隐藏自己。

✉ 不要依赖书本，走出去，亲眼看一看世界

去旅行，去看看这个世界，广见博闻。你们将成倍地开阔你们的眼界。你们如果想真正地了解自己，了解自己的国家，就走出去，看看这个世界。

你们的父亲能够理直气壮地这么说，是因为我已经周游全世界两次了。从1990年开始，我耗费了二十二个月的时间，驾驶着摩托车穿越世界六个大陆。我的第二次环球之旅，是从1999年开始的。我与你们的母亲驾驶着一辆梅赛德斯轿车，总共行程245 000公里，在三年的时间里，穿越了116个不同的国家。我们亲眼见到了丰富多彩的大陆以及形形色色的民族。在我们的旅行过程中，我们接触

到许许多多的美食，包括晚餐上的活蛇。这条蛇是当着我们的面屠宰和加工的。我真的喜欢！

我们驾车穿过战争地区，包括安哥拉共和国、西撒哈拉、印度、苏丹和其他地区。事实上，我们早就下决心一定要到这些城市"最恐怖"的区域，看一看这些地区是否真的如此危险。你们知道我们了解到了什么吗？那就是，各地的人们，除了他们的种族、语言、宗教、食品或服饰各不相同，其他在根本上其实都相同。我们根本没有理由害怕陌生人或外国人。

你们在亲历和接触多样化世界的过程中，也将会对自己有更多的了解。你们会开发出自己过去从未有过的兴趣爱好，认识到你们的优势与弱势。你们还会意识到，某些自己觉得非常重要的事情，其实根本没有意义。你们穿什么衣服，或你们是谁，或你们在什么地方吃饭，或你们是什么地方人，等等，都无关紧要。我曾经是一名狂热的棒球迷，但是现在我对比赛一无所知。

重要的是，你们不是单纯作为旅游者访问这些国家。你们确实需要参观一些纪念馆，在预订的餐馆吃饭，但同时更要亲眼看看不同人群的不同生活。像他们一样体验他们的生活，彻底地认知这个世界。细致地观察普通人的生活，而不仅仅是参观旅游景点，你们

第五章
让世界成为你们认知的一部分

就会慢慢体验各种各样的经历，在你们的心底里提出各种各样的重要的问题。

英国作家和诗人约瑟夫·鲁德亚德·吉卜林，在他的一首题为《英国旗帜》的诗中写道："如果一个人只知道英格兰，他就不可能了解英格兰。"（英文原诗为：What can he know of England who only England knows? 原诗含意是说，只知道英格兰，因为知识、经验有限，无法与其他国家对比，所以不可能真正了解英格兰。为了阅读理解，此处为意译。——译者注）我强烈主张你们离开美国几年。你们可以随时回来，但是，你们对所有事物一定会有新的见解。你们将获得知识与经验，这会使你们在无形中受益无穷，令你们成为更优秀的人，出色的劳动者，甚至是杰出的长辈。我们是一个美国家庭，我们还会继续在美国生活很长时间，但是，我们已经把家搬到亚洲，就是为了尽最大可能地帮助你们接触美国边界以外更多、更广阔的世界。

理解金砖四国的重要性

20世纪60年代，当我还是牛津大学的一名学生时，我在必须缴纳学费的截止日期到来之前，一直设法管理运用自己的奖学金。在那个时期，我已掌握了一些投资的基本技巧。其中重要的一点就是，要开发自己的全球意识。

如今，你只要拿起一本商业刊物，就可以看到专业词"金砖四国"——世界金融投资领域内非常流行的一个首字母缩略词。"金砖四国"特指当前倍受金融投资家和政治家青睐的四个国家，即：巴西、俄罗斯、印度和中国。这四个国家在2050年注定将成为世界最领先的经济体，因而到处充满投资机会。我与你们谈一谈我是怎么看待这些国家的，也即投资战略聚焦于国外增长的经济体的重要意义。

每个认识我的人都知道，我个人的经验以及花费在旅游上的时

第五章
让世界成为你们认知的一部分

间,足以让我确定,看涨巴西和中国,看跌俄罗斯,而对印度持有怀疑态度。

未来十五年内,巴西国内的情况将显著好转,因为,这个国家大力增加诸如食糖、铁矿石等商品的生产。食糖,作为一项主要的出口产品,不仅仅是糖果的原材料,恰恰还是乙醇的原材料,而乙醇现在正被考虑作为原油的替代能源,是一种颇具吸引力的资源。虽然,我更看涨巴西的这些商品市场,但我眼下对巴西证券市场以及它的汇率仍然持中立的态度。

下一个要讨论的话题:俄罗斯。我为什么对这个国家持怀疑态度呢?尽管这个国家拥有富饶的资源,但根本的要素,或者说其基本的经济条件还不成熟。俄罗斯目前现存的资本主义属于"非法的"资本主义。另外,苏维埃社会主义联盟已分裂为十五个国家,而且在不远的将来会继续分裂为五十到一百个小国家。这块大地上有不同的种族部落、语言和宗教群体,他们几乎都对现在的体制不满。

现实中,俄罗斯仍然属于经济不发达国家,当然比我1966年第一次访问时要好得多,但还不算是第一世界。我1990年到过俄罗斯,当时正值苏维埃社会主义联盟解体的边缘;之后,1999年,我再次与你们的母亲一起到俄罗斯。我们在莫斯科吃晚饭时,听到了爆炸声，当时普京的部队正在巩固政权。这个国家正在遭受频繁的爆炸和暗杀的蹂躏，比西方媒体报道的要严重得多。俄罗斯黑手党影响、控制着一些地区。投资商可以获利，但他必须与犯罪分子合作。如果投资商在黑帮势力范围以外的地区运作，他最担心的可能就不是钱的问题了。现在，许多外国公司都已清楚，俄罗斯政府只要想做，任何时候都能够拿走他们的资产，或是通过税收方式，或者强行占有。实际上，根据俄罗斯的现状，期望近期内这个国家的原材料供应增长是绝对不可能的。

但是，等等，资本主义不是已经在俄罗斯有所进展了吗，就像在中国？对不起，这两个国家有着天壤之别。与中国不同，俄罗斯没能有效地利用资金，生产力水平低下，因为这个国家试图利用共产党统治时期修建的基础设施和工厂设备参与竞争，而且设施和工厂设备几乎都没有更新或改进。不仅如此，在海外学习或生活的中国公民，他们将资金和技术带回中国，然而那些离开俄罗斯的人却很少回去为祖国的复兴做贡献。

至于印度，我曾亲自观察、研究了这个国家令人厌烦至极的官僚作风。另外，这个国家严重缺乏基础设施，尤其是与中国相比。这个国家的高速公路属于双行道，还是数十年前修建的，如今到处都坑坑洼洼的，更不用说四轮马车、各种动物以及行人造成的交通堵塞了。此外，道路上还有干燥蔬菜、手推车等许许多多的阻碍。我们在印度旅行期间，我必须要买好几部手机，因为，每一部手机都只能在某个特定地区使用。1991年至2001年期间，印度唯一私有化的产业是食品烘烤行业。那儿的情况正在逐步好转，但常常是每前进一步，就会倒退一步。因此，我仍然没有在印度进行任何投资行为的冲动。假如我错了，印度真的变化了，那会是一个巨大的商机，有利于金融投资家，更有利于印度人民。

不论在国内还是国外，以开放的心态接受不同种族的人

迪莫波利斯，我成长的小镇，是"人类的城市"的意思。然

而，回到以前，有色人群是没有被包括进去的。与亚拉巴马州以及南方绝大多数地区一样，迪莫波利斯也有种族隔离。镇子里有白人区和黑人区，当然，黑人区是在贫穷的区域。

我必须承认，小的时候，我对这种不公平想的确实不多，以为这种不公平本应如此。我们并不知道有什么不同。事实上，我的家庭成员几乎根本不认识任何黑人，我也没有一个黑人朋友。当我成长为青少年时，就是20世纪50年代中期，我开始看到不同了。我的"秦叔叔"开的便利店恰好就在迪莫波利斯的黑人区。有一天，我正在投送广告宣传页时，看到了以前从未注意到的景象：一名日本妇女住在黑人区，因为她嫁给了非洲裔美国人——一名二战军人。如果这位日本妇女嫁给了一位白人士兵，她就理所当然地想住在什么地方就住在什么地方。她还是同一个人，但会有一个完全不同的生活。就是在这个时候，我开始意识到，我们把人类按照皮肤的颜色区分开来的体制有严重的问题。

五十年之后的美国，我看到了一个令人寝食不安的趋势。对恐怖主义的恐惧和对经济困境的愤怒，已经激起了我们某些领导人和部分公民中的孤立主义情绪和仇外心理。我感到，这种孤立主义情绪和仇外心理还会继续增长。他们表示，我们应紧闭美国的大

第五章
让世界成为你们认知的一部分

门,抵制外国的思想、外国的资金、外国的产品,不出所料,还有外国人。其他国家也开始效仿。自第二次世界大战结束以来,今天的世界已极大繁荣,此时,西方世界的我们,发誓再也不能将我们自己与世界其他地区隔绝开来,不能走20世纪30年代大萧条时走的老路。当纳粹德国有组织地大规模入侵波兰,然后是法国,最后是俄国,实施征服欧洲的宏大计划时,厌战的美国拒绝了欧洲盟友的请求,没有加入他们的战斗。战争开始两年后,珍珠港受到日本袭击,美国才终于参战。而这个时候,美国的军事力量根本无法与德国和日本抗衡,这两个国家在此之前花费了数年时间增加经济实力以备这场战争。不幸的是,我们今天只有极少数人明白历史的教训。如果我们重演20世纪30年代的孤立政策,结局将很难看。

第二次世界大战结束之后,世界绝不再容许保护主义和以邻为壑政策的存在,它们是导致大萧条和世界大战的根本原因。《关税及贸易总协定》的签订,建立了贸易与金融体系。全世界在数十年间获得了前所未有的增长。世界贸易组织取代《关税及贸易总协定》,旨在继续扩大贸易增长与繁荣。

签订《关税及贸易总协定》的人们都已过世,极少数人阅读历史或理解历史。保护主义和孤立主义正在再一次抬头。许多国家都说："如果美国可以这样做，我们也可以。"经济困难时期，常常会滋生危险的政策，灾难也许会再一次发生。记住，历史是"韵律诗"，是会重复的，一定要注意；经济问题和战争在历史上会一而再，再而三地重复，所以，做好自我准备，以备这一倾向继续存在。你们在进行投资活动时可能会搬到中立国家居住，也许能够从混乱中获益，比如，房地产和自由可兑换货币。

敞开心扉，做世界公民

你们这一代人，被约翰·佐格比（美国著名的民意调查公司创始人。——译者注）称为"第一代全球公民"。你们的同年龄群体，较之前的任何一代人，思想都更加开放，具备全球思维意识。这是非常了不起的，它使你们更有可能提高个人生活的幸福度和职

第五章
让世界成为你们认知的一部分

业完善度。

保持开放的心态，包括永远不要因为自我封闭，而失去结识那些第一次见面时与你想象中不同的人。当我们未见某人的时候，我们总是根据有限的信息，根据我们的观察以及人们提供的其他细节，而对此人形成某种想法，这是很自然的事情，也常常有效。但是，知道某个人与了解某个人，这两者之间有着天壤之别。当你们进行环球旅游的时候，就像我曾经做过的，要与其他文化背景的人们沟通，你们就会理解到，归根结底，只有极少数人，与强加在他们身上的固有印象相符。就绝大部分人而言，我们都很相像。

1960年，我决定离开迪莫波利斯，赴耶鲁上学，那学校可是在北方！我的许多邻居都不理解我为什么做出这样的决定。他们之中的绝大多数人都没有离开过亚拉巴马州，更不用说离开南方了。但是，我告诉你们，在纽黑文和康涅狄克，之后又在纽约，我遇到了许多颇具魅力，富有胆识的人。然而，除他们以外，其实，对我最有意义的一些人，却是家乡那些我从来不认识的人。他们每个人都知道我是谁，但我却不知道他们，原因就是种族隔离。

要明白这个道理：如果每个人都将自己视为世界公民，而不只是他的小镇、城市或国家的，世界将更四海升平，繁荣似锦，对所有人都有不同形式的成功。这并不是说，我们不是爱国主义者，不爱我们的国家。而是说，我们必须对与我们（文化、宗教、肤色、种族等）不同的人们持开放的态度，因为拥有不同背景的人们能够教会我们许多东西，反之亦然。

我和你们的母亲周游世界的时候，我们不断地遇到许多人，他们害怕不同宗教、不同语言、不同种族或不同肤色的人，但是，当他们与这些拥有不同文化背景的人互动交流之后，他们就会欢声笑语，互相讲述自己的故事。战争不是由一群相互熟知的人突然决定想摧毁对方而引起的。二十多岁的人们，更愿意游玩、跳舞、吃饭、喝酒，或者只要有机会就要互相争论。这是有史以来千真万确的事实。正是那些执迷不悟的政客，不可避免地辜负了孩子们，激起他们内心最恶劣的本能，使他们毫无必要地相互残杀。

刚到牛津大学贝利奥尔学院，第一次看到教堂的墙壁时，我瞬间惊呆了。墙壁上是所有战死在第一次世界大战中的毕业生的名字。这里面有数十名年轻的英国士兵，但令我更为震惊的是，我发现，这里面还有十几名年轻的德国士兵的名字，他们都曾是这所大学的学生。那些笨拙无能的政客极其荒谬地将他们送到前线，让他们在战争的泥沼中相互残杀，而不是在一起踢足球。他们在一起踢

第五章
让世界成为你们认知的一部分

足球才能使这个世界更有意义，对他们也更有意义。

你们再长大一些会阅读历史，你们就会了解，战争对任何一个民族来说，从来都不是一件好事，即使是对那些"胜利者"来说，也是如此。假如你们正好在的某一个国家，突然进入了战争，我建议你们离开，直到战争结束。真相永远是战争的第一个牺牲品，所以，你们必须远离战争。

一位曾获诺贝尔奖的诗人，以下面这两句话作为他儿子的墓志铭。他的儿子死于毫无意义的第一次世界大战。

> 假如有人问我们为什么死
> 告诉他们，是因为我们的父辈欺骗了我们

你们的父亲以及我们在美国的所有祖先，几个世纪以来，都曾在军队服役，但是，你们一定不能参军。你们要打破这个传统，远离任何战争。

作为你们的父亲，我的愿望是，你们依据自己的意愿和决定，成为一名世界公民。我希望有一天，看到你们迈出大胆的第一步。

我一生中经历的所有冒险中，你们，我的女儿们，是我的终极

冒险。你们已经向我展示了一个全新的世界。我想，我在旅行中所获得的一切，现在，我都能够给予你们。我迫不及待地要教会你们驾驶汽车，如何看懂地图——这是我父亲教我的技能，以及除英语以外，你们还要学习什么语言。自打你们一出生，一位中国家教就已经教你们学习普通话、唐诗以及中国汉字了。我希望，不久再将西班牙语加进你们的学习课程中。

我想过所有我"还没有"到过的地方：巴西的内陆区域、印度南部地区、非洲东北部的厄立特里亚、伊朗、以色列。我会向你们展示这些以及其他地方。你们的母亲和我曾研究考虑过移居上海或西班牙，并且准备在埃斯特角、乌拉圭或玻利维亚的科恰班巴住上一段时间。正是由于我对亚洲抱有如此乐观的态度，我们为了你们的教育而选择了移居新加坡，原因有很多，包括双语教育、最好的教育资源、世界最完美的高效率的医疗健康保障体系等等，所有这一切都物尽其用。日本在过去的五十年中，曾经是最成功的国家，中国是过去的三十年中最成功的国家，而新加坡是过去的四十年中最成功的国家。我们希望，你们应该视整个世界为家，而不是守旧顽固、思想褊狭，以致你们的视野和可能性受到限制。如果你们看到机遇，就立即采取行动，就像我们的前辈一样。我们希望你们在

第五章
让世界成为你们认知的一部分

新加坡学习，但谁知道呢？我们也在研究考虑在奥地利的维也纳定居，因为我们对那儿情有独钟。也许，你们会在其他某个地方成长。或许我会买一把摇椅，唱着《老人河》，就住在美国南方，养育我的家庭，这儿是我父亲养育他一大家子的地方。我怀疑，我的父亲就喜欢这样。以他的智慧，肯定自始至终都是这样想的。

你们的祖父于2001年以八十三岁高龄离世，在你们出生之前。这是我的遗憾之一，你们永远也不会见到他的面。你们可以看他的照片，他身高和体格都一般，但是你们能够看出他的坚毅。他是一位严厉、坚毅、自律的人，但愿我也像他一样严于律己。他让我和弟弟们明明白白地认识到，我们必须今日事，今日毕。在我们家里从未听说有懈怠拖拉或今日推明日这样的事情发生。作为一家化工厂厂长，你们的祖父将大量的时间用于工作，他的五个儿子也都是勤奋努力的劳动者。

父亲还让我们明白地认识到，我们要懂得尽量存钱，因为我们不会从他那里得到任何东西。他的父亲于1929年死于自己的煤矿，当时还很年轻；之后他的母亲在20世纪30年代大萧条时期又失去了所有。他是真正属于大萧条时期的孩子，随后又养育了我们。现在，我明白了他对自己的五个儿子是多么精心呵护，为我们付出了多大的牺牲。我在许多方面都与他颇为相似。比如，我很少买新衣服。我就喜欢老式的服装，当然我现在想，我是不是也继承了他的特质，因为他总是尽可能地为我们付出更多。

你们的母亲和我总是有些担心，认为我们给予你们的可能太多了，或者让你们的生活太轻松如意了，因为我们不想对你们过于娇生惯养。假使我的父亲仍健在，他根本就不可能惯着你们，但是，他同样会努力为你们做一切事情。

A GIFT
TO
MY CHILDREN

第六章

学习哲学，学会思考

A Father's Lessons for Life and Investing

__小贴士__

✿ 谨言慎行。别人生活的价值观可能与你们的不同。他们做出自己的选择,可能他们不知道还有更好的选择。现实生活中,极少数人拥有这样一个如此尽心地将他的智慧与爱付诸笔尖,专门为自己的孩子著书的父亲。

哲学教会你们如何自己思考问题

快乐，你生于2003年5月；小蜜蜂，你是2008年3月出生的。虽然现在谈这个问题可能有些早，但我希望，你们总有一天会学习哲学。如果你们要认识自己，理解对你们最重要的是什么，你们就必须深层次地学习哲学。而如果在生活中要想实现和完成任何事情，你们就必须认识和理解你们自己。学习哲学确实帮助我做到了这一点。

我所说的，不是让许多人望而却步的、艰涩的以复杂逻辑为代表的哲学；我特指的是自己思考的艺术。今天，许多人都被常规思考方式所束缚，他们的智力活动过程完全被诸如国家、文化和宗教等概念所限定。跳出现有思维框架，独立地观察、研究事物，才是真正的哲学。学习哲学能培养一个人研究每个概念和每个"事实"的能力。

在牛津大学学习哲学，对我来说是一场艰苦奋争，因为他们总是问我抽象问题，诸如最基本的事物，太阳为什么总是从东方升起，或者一片孤立的森林中的某棵树倒下时，是否会发出声响。坦率地讲，在那个时候，我对哲学的许多作用和目的都不明白，但后来我开始明白也意识到观察、研究事物的必要性，无论这些事物是如何被接受或者证明的。寻找其他解释，跳出旧框架思考对你们大有裨益。

当前的哲学著作是否有助于我们思考

善于运用哲学思维与阅读哲学书籍根本不是一回事。诚然，阅读确实有助于开发我们的思维能力。然而，要想真正地提升和拓展思维能力则需要极大的努力。

这里有一个练习：回忆一些曾经发生的事情，传统智慧和惯性思维结果被证明是错误的。花时间努力去发现到底发生了什么。这个练习能够帮助增长知识，增加自信。这样，下次需要决策的时候，你就能够有建设性地对大多数的假设进行分析。

两个思考方法

两个非常有用的研究分析方法，适用于所有行业，当然包括金融投资领域。一个是依据自己的观察与分析做出结论，另一个是严格依据基本逻辑行事。

依据观察与分析做出结论非常简单。举例来说，当你观察分析证券市场历史的时候，会注意到，牛市是在股票市场与商品市场之间相互交替的。从历史上看，这个交替周期大约为15年到23年。商品市场从1999年进入牛市，所以我期待着这一趋势持续下去。根据历史来看，商品市场的牛市可能要持续到2014年至2022年之间，尽管这期间可能会发生一些幅度较大的逆转。比如，1987年，全球股票市场暴跌百分之四十至百分之八十，令所有人万分恐惧，然而，此时距这一波的牛市结束还远着呢。20世纪70年代，黄金价格曾一度暴涨百分之六百，市场才有所反应。之后，黄金市场统一合并，两年时间内直降百分之五十，致使许多人放弃。然后，它又再次回转，上涨百分之八百五十。这就是市场规律：它使我们绝大多数人，在绝大多数时间看上去非常愚蠢。

现在，我向你们解释，单纯依据逻辑进行推断到底是什么意思。我虽然不能证明它，但我研究后，想出了我自己关于股票市场和商品市场相互作用的理论。让我们研究一下号称拥有世界最大燕麦市场份额的家乐氏的案例。燕麦是由诸如大米、小麦和食糖等商品加工制作而成。当商品市场处于低迷时期时，这些食品的成本也随之下降。假如销售水平保持不变，该公司的净利润就上升，相应地显示股票价格的上升。然而，当商品价格上升，家乐氏公司不可能立即通过燕麦的价格反映出其成本提高。这样一来，就直接影响公司的净利润，其结果就是公司的股票价格受挫。当商品市场增长缓慢时，公司由于成本降低而受益，而当商品价格上升时，公司利润下降，股票价格也就一同下降。正如你所看到的，分析琢磨出商品市场与股票市场的反比相互关系是一项很好的益智练习。

两个思考方法：前者被称之为归纳法（根据某一特定结论，得出一般观察结论），后者被称之为推理法（根据一般证据结论，得出特定事实）。二者并非其中一个比另一个更行之有效，重要的是，你必须训练和培养自己能灵活运用这两种方法，这样你就能够以不偏不倚的态度和方法去思考问题。

不要忽视熊市

绝大多数金融投资商都没有考虑到的是什么？他们都关注

牛市，而忽视了熊市。作为一名金融投资商，我总是在寻找"跌市"。人们疯狂于过热的市场，根本没有注意到其他机会的时候，这才是我发现最佳商机的时候。

  当1998年出现股市泡沫时，大多数人都忽视了商品市场，我开始着手运作某一商品价格指数。商品市场数年来一直处于萧条期，任何人都没有赚到钱。绝大多数人都离开这一领域，甚至几乎没有年轻人研究自然资源，更没有人进入农业或矿产业（那时工商管理硕士风行一时，记得吧？），最终导致当时农民和地理学家的短缺。这种情况在其他国家也如此。正是这些因素造成一个长时期的生产能力下降，而需求不断攀升的现象。赢利统计显示，商品市场表现得如此出色。我在1998年创立的罗杰斯国际商品指数，在接下来的十年中增长了四倍，与此同时，标准普尔500指数增长了百分之四十。

A GIFT
TO
MY CHILDREN

第七章

学习历史

A Father's Lessons for Life and Investing

小贴士

✱ 偶尔害怕无伤大局,但不要让你的恐惧心理影响和压倒你。前人也曾经历同样的害怕、麻烦和恐惧,成百上千的人都曾战胜过害怕和恐惧,你们也可以战胜它们。

✉ 一个宏观的世界，才是你们所需要的

  我希望你们学习历史。我希望你们能从宏观的角度了解世界上正在发生的变化。我这么说的意思是，我希望你们能从大格局的角度理解世界现在是如何运转的，世界曾经又是如何运转的。你们将会理解，今天真实的事物，二十年前，甚至十年前，可能都不是真实的。1910年，英国和德国皇家是最亲近的朋友和联盟。四年之后，他们的国家卷入了一场毫无意义的战争。从任何意义上研究、分析今天的世界，你都会发现，十年至二十年之后，世界将发生天翻地覆的变化。随便想到任意某个年份，看一看之后的十年，远不到二十年，世界都发生了什么变化。比如，1960年，或1970年，或

1980年，或1990年。简单地挑选任何你喜欢的年份，看看世界是如何神奇莫测般地发生奇妙变化的。这种变化将自始至终贯穿你们的整个人生。

对历史、政治和经济感兴趣，能够有助于你看清某一国家发生的事件对其他国家也有影响，不论是经济上的还是其他方面上的。比如说，某单一国家的政治混乱可以促使全世界的商品市场价格升高，尤其是黄金价格通常都会上涨。一场全面战争不但会导致黄金价格高升，还会导致绝大多数商品的价格升高。

哪本历史书告诉我们真相

历史是一门多方面的学科。有关于经济学和政治学的历史研究，有以美国观点研究和理解的历史，有以欧洲观点研究和理解的历史，有以亚洲、非洲和南美洲等诸多国家的观点研究和理解的历史。你们将会认识到，历史是由胜利者书写的，所以观点、立场鲜明。只要历史学家治学严谨，每一种观点都可以是历史拼图中的一块。你们确实无法认定谁的历史更重要。想象一个四维的历史拼图，每一种不同观点的历史仅仅是拼图中的一块。你必须首先将这些一块一块零散的历史拣拾、集中起来，才能将它们嵌入正确位置；你们只有通过研究这些零散小块，才能做到嵌放正确。

行万里路，读历史书

我极力主张你们在开始第一次海外旅行之前，学习、研究旅行目标国家的历史。不具备一些历史背景知识，你们在目标国家所看到的大部分都无法充分理解。你可以是一名旅游者，欣赏风景和旅游胜地，但是，理解却是一种异常丰富的经验。你从哪儿开始不重要，随便选择一个国家，到那儿去，用你们自己的观察力发现真相。

历史向你显示的市场驱动力是什么

根据市场的长期发展趋势，对历史事件进行对照参考分析，你们就会发现并确定那些影响股票市场的因素和商品市场价格的发展动向。在哥伦比亚大学教授的"牛市与熊市"课程上，我指导学生们对过去曾经出现的主要牛市和熊市做调研，然后想一想他们应该如何提前预测到市场的上涨与下跌。当价格暴涨或直线下跌的时候，世界正在发生什么事情？为什么这些事情发挥了催化剂的作用？回顾历史是非常有价值的学会如何分析发展趋势的方法。更重要且更具价值的是，它还会教你如何预估未来变化。

第七章
学习历史

✉ 一切都不足为奇

历史总是以某种形式在重复，或者如马克·吐温所说的"至少是韵律重复"。人类长期以来基本都是雷同一律的。新闻头条经常宣布创新事物、根本性变革或空前的事物。当某些事物被展示为新生事物或标新立异时，你回顾过去，都可以找到先例。所以，记住历史的关联性，不要期待完全不同的事物。这是一条基本规律：现在发生的事情，过去曾经发生过，今后还会再发生。

通过一个例证说明这一点：互联网革命。许多人的直接反应就好像它是某种完全崭新的事物。然而，网络仅仅是历史所展现出来的诸多技术革新之一。你记得20世纪90年代的"新经济"吗？从历史角度看，可以举出许多类似的革命：铁路、快速帆船、飞机、电、无线电、电话、电视、计算机。在所有新领域中，金融投资从某一点来说属于最糟糕的，它可能使你变成穷光蛋。

每当我听到所有人都在声称某种东西可能是创新的或前所未有的的时候，我都要确认一下该市场是否过热，常常将我的资金撤出来。当你知道人们都在赞颂某事时，就要特别质疑。"这次真的不一样？"从历史的角度说，没有任何一样完全不同的事物曾出现过。所以，如此声称的"完全不同"，就是一种集体性歇斯底里的典型状态的表现。我在1999年和2000年做空高科技股票，也正是那个时候，我在1998年创立的商品指数开始高涨。

再次说明，学习历史必须谨慎。了解实实在在发生过的事情，知道没有发生什么。这将有助于你们了解这个世界"将要"发生什么。

A GIFT
TO
MY CHILDREN

第八章
学习普通话，现在是中国的世纪

A Father's Lessons for Life and Investing

小贴士

✪ 保持纯洁的心灵。永远要积德行善,不论身在何方,与何人相处。你们的善心代表你们的人品。

✉ 普通话将成为下一种全球语言

能说会写其他语言的人，比那些不会的人拥有巨大的优势。谈到金融投资领域，你能够对原始资料进行研究、分析，并且用他们的语言进行交流，进而增加信任度和公平、公正度。更重要的是，你们的一生中，许多时间将要在各种环境和职业环境下，与其他拥有不同文化背景的人们共处。如果你们能够打破美国人拒绝学习其他语言的陈规陋习，让自己置身于向新朋友学习的环境之中，你们的生活将会变得无比丰富多彩。

为了有助于你们在生活以及未来的投资活动中获得成功，我已经做到让你们领先一步了。你们的中国女家庭老师，与你们一直用中国的官方语言沟通交流。你们跟这位中国女家庭老师学习普通话，跟我们学习英语。（你们必须精通英语，以便与你们的父亲沟通，因为你们的父亲只会用中文说一个短语"冰啤酒"。）我们移居到亚洲，以便你们俩能够进入中文学校，每天都使用普通话，同时又能体验亚洲与西方文化。

或许，我能够给予每个人建议，包括世界上任何地方的人，那就是，让你们的孩子和孙儿辈们学习普通话。对他们这一代人来说，普通话和英语将成为世界上最重要的语言。

关注世界正在发生的重大变化

你们学习普通话的根本原因在于，中国在经济、政治和文化方面的实力正在不断增强与提高，将成为至关重要的国际事务参与者。不仅仅是作为一名金融投资者，更是作为一名世界公民，你们

第八章
学习普通话，现在是中国的世纪

必须意识到如此的发展变化。回顾历史，我们知道，西班牙统治了16世纪，而在200年之后，法国成为富裕之国。到了19世纪，美国崛起，发展如日中天。然而，21世纪属于中国。中国目前正在发展，就在我们的眼前。中国曾多次呈现辉煌。埃及曾经辉煌过一次，罗马曾经辉煌过一次，大英帝国曾经辉煌过一次。中国在历史上数次辉煌，又数次平安渡过巨大灾难。今天，中国再度崛起。

一些居住在海外的中国人一直都是中国最有财富的群体。他们懂中文，并将"财富"传给他们的后代，与在中国大陆和全世界其他地方的中国人保持着密切联系。他们随时做好将资金与专长带回中国的准备，只待时机成熟。中国人永远是情深义重的，这些海外华人，尽管好几代人都早已远离祖国，但他们的内心始终怀有对祖国的深情。

1984年至1990年期间，我曾四次访问中国。我所看到的，与1999年我再次到中国旅行所看到的截然不同，中国发生了巨大的变化。这个国家为提高自己的生产力所投入的全部努力，都已获得了回报。中国家用电器、移动电话及摩托车的生产水平早已超过美国。事实上，中国的移动电话生产在目前居世界第一。这些发展是任何一个金融投资商都不能拒绝的良机。

买入中国股票，就是买到了这个国家的未来

我目前拥有三十多只中国股票，然而，在1988年以前，我尚未购买我的第一只中国股票。第一只股票的购买发生在一栋破旧不堪的建筑物内，是当时的上海证券交易所的所在地。当年最初购买银行证券的证书，现在已经被加框装饰，悬挂在我家中的墙上。我不知道现在它的股值增加了多少，总之我不打算将它卖掉，完全是因为与它的感情价值。

我1999年再次访问上海，那座老旧的大楼已被一栋全新构造的建筑所替代。我开了一个账户，继续投入更多的资金。中国的国民生产总值增速已超过百分之几，仍有巨大的增长潜力。

美国有许多闻名遐迩的金融投资家，他们过去几乎从不在海外投资，或者不在中国投资。近十年内，正是因为中国的巨大增长，

第八章
学习普通话，现在是中国的世纪

他们也在中国投资。但是，你如果想购买中国的股票，就要对中国经济发展中正常的倒退和挫折有一定的心理准备。美国在跃升为世界强国、展现荣耀的过程中，历经数次整合与巩固，中国也必将如此。卖出中国股票的最佳时候？也许要等到我百年之后，因为，中国经济将继续增长。所以，我在中国购买的股票可能是我给你们的礼物。

根据独立的银行报告，中国经济与中国房地产都出现过过热现象，通货膨胀率在百分之七至百分之八之间。过度投资导致高于常规的违约率上升，这种情况通常都是在经济过热时发生。我认为，在某些领域，如房地产，硬着陆是不可避免的。

国际货币基金组织坚持认为，软着陆是可能的。低利率已导致房地产以及某些制造行业的过度投资。这些领域正在经历直线下跌。然而，其他领域可能不受影响。

日本一位金融投资家曾问我，中国什么时候经历硬着陆。我解释说，硬着陆具体什么时候发生，或者硬着陆到底多严重，这些都很难说。我不是具有超级时间感的交易者。它可能很快就发生，或者也许根本就不发生。最大的可能是发生在某些特定领域，如房地产，而其他领域可能不会受影响。但是，谁知道呢？只要你看到新闻，说中国经济如1984年和1989年所发生的情况一样，正在经历硬着陆，你就考虑这是买进中国股票或商品的最佳时机。自1999年我第一次购买中国股票以来，在2005年年底以及2006年年内，我再次购买中国股票，之后在2008年后半年又购买了中国股票。

中国等同于宝库

中国的崛起，带动商品需求的增长。中国拥有十三亿多的人口，大量消费钢材、铁矿石和大豆；中国是世界上最大的铜消费市场，是第二大能源（包括石油）消费国家。不仅如此，消费需求每年，甚至每月都在增长。谁也不知道到底需要多少年，供应才能满足需求。从中期来看，目前的市场供需不平衡将继续推高商品市场价格，尽管存在定期的、也属于正常的价格调整。

A GIFT
TO
MY CHILDREN

第九章

知道短处,承认失误

A Father's Lessons for Life and Investing

—小贴士—

✲ 尽己所长，努力知己之短，克己所弱。

✲ "今日事，今日毕。"你们要经常做到该完成的就完成，不论是否有时间限制。也许在无数次的情况下，你们可以等，但不可避免的是，计划赶不上变化，生活中可能会发生任何事情。行动起来，无论是否有最后期限。

自知之明

　　理所当然，你们需要注意自己周围的环境，需要拥有关于这个世界的知识，需要了解历史。但是，更重要的是，你们必须了解你们自己。从镜子中观察自己，自问到底什么才能刺激和诱发你的情绪。如果你能够预先明白这些因素，你完全可以在任何艰难时期和危机情况下都保持头脑冷静。与此同时，观察、分析自己是如何应对错误的，这样，在下一次出现问题的时候，你就能够更具建设性地应对问题。

　　比如，我现在知道，我通常能够比其他人更早预见到事物的发展，因此迅速采取行动。所以，我曾试图约束自己等一等。在我还比较年轻的时候，每当证券市场出现大规模集体疯涨，或人们因恐慌而大规模倾销的时候，我几乎总是被迫卷入大流。当然，我也经常随大流。我认识到，每当我要疯狂地根据趋势随大流时，我就必须迫使自己决心反其道而行之。在所有其他人都在倾销的情况下，你说要"买进"是极其困难的，所以我也就不顾一切地随了大流。当然，那些年里，我对自己的各种情绪有了深刻的认识。

毋庸置疑，我们都会犯错误。关于判断失误，最重要的是承认失误。如果你进入成年之后，仍然不能认识到自己的错误，不论是在生活中，还是在投资活动中，你注定要在吃大亏以后才能接受教训。只有认识到自己的错误，你才能改正错误，这是你走上正确道路的必经之路。

第九章
知道短处，承认失误

✖ 人们易受从众心理左右

即使自称为专家的人们，也时常为从众心理所左右。我记得，1968年我刚在华尔街全职工作，正值证券市场的一段疯狂时期。所以，我与另一位老资格的分析师共用一间办公室。由于业务发展迅速，许多公司甚至都来不及准备更大的办公区域（我现在知道了，这也是一个麻烦的象征）。我勤奋用心地用表格工具计算出了一系列数字，这时，一名高级管理人员急匆匆进入办公室找分析师。当这位高管看到我正在计算的东西时，他大叫了起来："居然还有人浪费时间做这类东西？"我当时非常尴尬。然而，这位高管仅仅在几个月后就破产了，因为那个小小的泡沫破裂了。

许多"专家"在网络公司泡沫和信用崩溃中损失了一大笔钱。你可以想象，那些人看到泡沫来临，每天拿起报纸，意识到周围的人都正在变得富有，他们是多么难受。也许，这是一个真正的新时代，古老的规则已不适用。然而，无论什么时候，我们进入一个所谓的新时代，大家都会开始忽视金融投资领域数十年的价值标准。因为，他们相信，增长的数字如此耀眼，以至证券以不可思议的三倍或四倍的价格进行交易。传统经典的衡量标准，如账面价值、每股盈利以及股息等等，都被忽视，甚至受到嘲弄。

《华尔街日报》在20世纪90年代后期也开始提到"新经济"，因为，该报宣称"事物变化如此巨大"。那些没有任何历史、销售额非常低、没有盈利的公司，纷纷在证交所上市，股价飞涨。成百上千的千万富翁一夜之间就诞生了。人们预测数年内盈利增长巨大，并持续到未来。最终，当然只是证明了古老的规则适用于今。许多人得等到付出了惨痛代价后，才能认识到这一点。《华尔街日报》重新冷静了下来，数次使用小写字母报道"新经济"。如此之多的公司倒闭消失，重蹈历史上所有"新时代"之后发生的覆辙。

另一个案例，让我们来看看日本。在2002年和2003年的时候，绝大多数分析家和经济学家力阻不要投资日本证券。某些人更是极端，居然声称，投资者应卖掉手里握有的全部日本股票。诸如此类的误导都源于从众心理，消极悲观的情绪已深入人们的内心，甚至连业内专家们都没有看到他们眼前正在发生的变化。

第九章
知道短处，承认失误

日本在20世纪80年代经历了一次巨大的泡沫经济。1990年经济泡沫破裂，价格崩塌，使其经济严重倒退。令人遗憾的是，日本政府和日本央行却一直阻止萧条时期自然而然的清洗效应，反而苦苦支撑着那些陷于困境的公司。清洗效应就如同一场森林大火，可以将枯死的树木、灌木丛等烧尽清除，这样才能使森林自我重生。经济萧条有助于确保其未来的健康增长。在日本，那些应该被清算或清除的公司，成了僵尸企业，依靠着政府的人为支撑而勉勉强强地幸存下来。所有问题都依靠简单的应急措施解决。虽然这种做法延迟了衰退，但也延缓了经济的复苏。与治理萧条本身花费的成本相比，国家实际上还不如投入更多的资金努力规避经济萧条。再者，多数发达国家现在都未雨绸缪，建立了安全网以限制经济萧条造成的损失。

日本谈及20世纪90年代仍然是"失去的十年"，特征就是，其经济既没有堕入绝境，又没有完全恢复。（顺便提一句，美国在20世纪70年代也走过相同的道路，忍受了痛苦的十年，直到一项新的政策最终帮助国家重新恢复。人们肯定会认为，央行的银行家们应该从历史中汲取到了教训。然而不幸的是，美国再一次重蹈覆辙，因为，美国也许又循环进入了一个经济困难延长期。）你应该知道，终身受雇于同一家公司，一直都是日本长期存在的社会基础。日本公司在20世纪90年代不得不暂时解雇工人们，那是前所未有的举动，整个国家都陷入了一种民族沮丧感之中——其直接反应就是社会上的低出生率和令人不安的高自杀率。

经过了十三年的停滞，大约到了2003年，日本经济终于开始回苏。此时日本的股票市场呈现双倍增长。

处惊不乱，掌握心理学

作为一名成功的金融投资家，你的确需要知道和了解心理学、历史和哲学。情感因素驱动着市场的起伏，这种情况早已司空见惯。记住，经济和证券市场是截然不同的两件事。正如诺贝尔奖得主、经济学家保罗·萨缪尔森曾揶揄："证券市场曾从过去的

第九章
知道短处，承认失误

五次大萧条中预测出了九次。"（原文是"The stock market has anticipated nine of the last five recessions."。这是一种讥讽的说法，意译应该是：证券市场曾发生了五次大萧条，而专家们却预测出了九次。——译者注）中国经济，举例来说，至今已快速增长数年，然而它的证券市场却从2001年至2005年连续不断地下降了四年。公众对积极或消极的新闻报道往往都会产生过激的反应，他们都是在错误的时间买入或卖出的。投资的心理可能加速证券市场上这类行为趋势。

人人都会感到惊恐。我也曾多次由于惊慌失措，在市场亏了钱。在1978年至1980年的石油冲击之后，石油价格成倍增长，我密切关注着石油价格的持续上涨现象。我的研究与分析告诉我，石油供应正在超过需求，价格很快就要下跌。所以，我最终还是做空石油。正在此时，伊拉克和伊朗，世界上最大的两个石油生产国之间发生了战争。由于全世界都担心未来可能出现的石油短缺，因而石油价格只能继续上涨。

我不得不承认自己判断失误。有些人称此举为运气不佳，绝对不是。我没有做好自己的功课。我应该看到这两个敌对国家之间即将到来的冲突。有些人肯定知道，战争已迫在眉睫。庞大的军事布置肯定发生了。宣传机器也肯定启动了。我完全就像一个证券市场上的菜鸟，当时不得不以高出原来许多的价格，将我抛售的股票再急忙买回来，以保持我的头寸。石油价格最终还是下降了，正如我所预测的那样，但是到那个时候，已经太晚了：我已平仓。

事后看来，我当时不应该恐慌。我应该意识到，石油价格从根本上就是不合理的。我当时没能够把握住从众心理效应，结果犯了巨大的错误。在市场恐慌期间失去自己的洞察力，就等于在这个市场中损失了金钱。

在市场失控的时候卖出

多数情况下，只有在短期交易过程中，价格才受情绪影响。中期和长期投资一般还是受基本原理的影响更大一些。一般来说，我

第九章
知道短处，承认失误

不使用图表进行交易。现在，证券市场中有些人运用以前股票或商品市场的走势曲线图表，对未来价格走势进行预测。这些人被称为"技术专家"或"图表专家"。这些专家花费大量时间盯着这些图表，研究上面所显示的历史价格走势的曲线与形式，以此来预测未来将要发生的事情。如果我在研究中察觉到有从众、失控或恐慌的感觉，我会偶尔找他们要这些图表，作为了解过去发生过的事情以及核实某些事实的一种方法。图表有时显示一条直线上升，象征着价格攀升远远超过实际价值。这意味着，人们已失控了。它显示的是失控的价格水平。我知道，价格最终肯定会回到适当的水平，所以，我卖空。但是，你必须谨慎小心，不管怎样，你不是因为价格居高才卖空的。除非价格出奇地高，并且，你已洞察到消极变化的到来，否则永远不要卖空。

最近，图表上显示了某些与住房建设相关的股票即将失控的证据，因此，我将它们全部抛售。我想要你们记住的是，经济泡沫只有在失控的情况下才会破裂，而价格暴跌通常都以恐慌结局。当你看到价格在一段时期内，日复一日地直线下跌，你就能够看到在价格下落过程中人们的恐慌。历史上说，长时期的抛售，必然以"抛售顶点"结束，因为，此时所有人终于都恐慌起来，根本不考虑基本现实情况如何,以任何价格进行倾售,企图逃离这个市场。全盘大幅度价格下跌必然引起你的注意。我的经验之谈:在市场失控时卖出,在市场恐慌时买进。永远记住买低卖高。这听上去太简单了,但实际上做起来绝非易事。谨记这一格言,尤其是当你被自己的情绪所控制的时候。

第十章

认识变化，接受变化

A Father's Lessons for Life and Investing

---小贴士---

✪ 我在生活中认识到：贪婪每每导致麻烦。

✪ 华尔街流传的一句古老格言："牛赚钱，熊赚钱，猪破产。"

✉ 万事万物皆变化

要想知道未来可能发生什么事情，你就必须要知道世界以前发生的事件以及正在发生的变化。一切社会环境都会随着时间的推移发生变化。有些人将这类变化视为社会开放的明显迹象，其他人则认为是社会封闭的直接表现。无论你的观点和看法是什么，拒绝接受变化就如同在湍急的河流中逆水游泳。试图抗拒这股力量，你坚持不了多久。

✉ 任何公然蔑视供需基本原理的人都无法生存

1991年，全世界都见证了一场意义非凡的变化：苏维埃社会主义共和国联盟解体。这个国家无法再维持其政治体制，正是因为其致命缺陷，即：在意识形态上，故意对任何经济类教材首页上都能看到的供需基本原理置若罔闻。

这个国家的解体，正符合了事物发展的唯一逻辑。所有商品的价格都是根据供需变化而上下波动的。因此，相当长时期维持一个扭曲的价格体系，几乎是不可能的，即使这种情况仅限制在一个国家内。从来没有任何一个政府，也没有一个帝国，是公然蔑视供需基本原理还能取得成功的。

1990年，我骑着摩托穿越苏联大大小小的城市。我去过的地方，到处弥漫着忧郁与昏暗（不仅仅是俄罗斯常见的灰暗天空）。两年之后，苏维埃社会主义共和国联盟解体。

第十章
认识变化，接受变化

◇ 变化可以是某种催化剂

为金融投资提出建议的时候，我总是强调觉察、认识变化的必需性。成功的金融投资者想方设法做到这一点，而多数情况下是冒了一定的风险，以极低的价格买进股票、商品、货币、债券、地产、艺术品、收藏品等等。

但是，仅仅低价本身却不是投资的充要理由。假如某物永远保持低价，那么它根本就没有什么可认知的价值，而且它的股票也会稳稳地保持在微不足道的账面价值。至于某一低价商品价格暴涨，其中必有某种催化因素，从投资角度看，这个催化因素就是变化。无论这种变化是什么，它在某个国家或行业的内部一定具有相当的影响作用，而且数年以后，它肯定会获得外部世界的广泛认可。如果这一变化是真实存在的，其他人就会注意到改进与进步，因而价格就会上涨，直接反映出新的环境。

新投资者们就会恍然大悟，价格就会继续以相当的幅度持续上涨数年。

应对变化

那么，如何应对变化？我不是指表面性质的变化，而是特指也许数十年一次的根本性变革。

当我还是个孩子的时候，当时正值第二次世界大战结束，美国是世界上最富有、最有实力的国家。而现在，美国是历史上最大的债务国家，在诸多方面过度扩张，已严重到捉襟见肘的地步。我祖父1918年作为战斗机飞行员参加第一次世界大战，1918年回到美国。当时，英国仍被尊为地球上最富有、最具实力的国家。然而，极少有人注意到，在繁荣表层下面正在发生的变化。仅经过一代人

第十章
认识变化，接受变化

之后，英国就失去了帝国地位，陷入极度的金融混乱之中。

你是适应周围环境的变化，还是拒绝、反对变化，悲叹早已消失的"好日子"？我希望是前者。那些无法适应变化的人终将被变化所抛弃，而认识、接受变化并相应行动起来的人们将受益匪浅。

A GIFT TO MY CHILDREN

第十一章

展望未来

A Father's Lessons for Life and Investing

小贴士

✱ 领略笑声的重要性。与令你开怀大笑的人为伍。笑声代表幸福。笑声启迪你的心灵。长时间地笑、尽情地笑、经常地笑。

✉ 假如看到未来的报纸，人人都能成为百万富翁

我二十七八岁的时候，曾在纽伯格·伯曼公司工作。有一天，一名主管边读晨报，边对我说："吉姆，股市开盘的时候，A公司有十万股将以B价格售出，所以，我要你买进这些股票。"果不其然，开市时，确实有一个沽盘，正是那个股数，也正是他预期的那个价格。此人单凭阅读报纸和感知市场动态，就能够推断出将要发生的事情。直至今日，我仍然印象深刻。

具备观察研究事物进展能力的人，一定能够获得巨大财富。1990年至1992年周游世界之后，我开始撰写我的第一本书：《骑摩

托车的投资者》。（*Investment Biker*，国内出版书名为《罗杰斯环球投资旅行》。——译者注）最近，一名记者告诉我说，我在这本书中所预测的事件，有许多成了事实，例如：民族主义情绪和伊斯兰武装的兴起。其实，我只是做了富于经验的投资商所做的事：阅读新闻。

在我驾驶摩托车周游世界期间，正值冷战结束。我看到，苏维埃社会主义共和国联盟为诸多种族群体强行划定的国家边界正在开放。没有了政治与意识形态框架的束缚，这些不同的群体最终还是要根据他们的种族、宗教或语言渊源，坚持他们自己的种族特征，这是合乎常理的。我是根据自己长期以来对历史和哲学的兴趣与研究得出这一结论的，而不是单纯地靠阅读报纸。我依据的是自己对这些地区当时的实际发展的第一手观察与研究。

第十一章
展望未来

✉ 许多国家将要分裂

从现在到未来一百年之内，地球上的主权国家的数量也许会在三百至四百之间，几乎是目前的两倍。

今天，全世界的人们都在驾驶着丰田轿车，伴随着流行音乐跳舞、享受着麦当劳和中国菜。然而这些变化对某些群体来说，只能产生一种厌倦的效果。这些群体需要选择，期待拥有更多的生活自主权。摆脱了政府强加给他们的意识形态框架，许多国家正在寻求各自所属的宗教、部落、种族、语言，以代表他们的种族特征。这一结果最终导致这些国家的边界重新划定，造就了一个更加四分五裂、复杂纷呈的世界。

过去数十年间建立起的那些帝国和单一民族大国，通常都不成功，终将消亡。消亡的过程可以通过和平方式完成，不管怎样，都无须付诸武力。比如，1993年，捷克斯洛伐克分裂为捷克共和国和斯洛伐克共和国，没有发生任何流血和屠杀事件。让我们期待事情理想地向前发展，因为，小国及负责任的政府对我们所有人都有利。不幸的是，历史证明，政客通常都是成事不足，败事有余的。

预言：伊拉克最终将按宗教区域分裂为三或四个国家。加拿大、俄罗斯、巴西和民主刚果也可能各自分裂为数个小国。熟悉历史，加上对当前事件触类旁通地阅读理解，就可以看出，诸如此类的发展是不可避免的，也是符合自然规律的。世界将继续变化。

不要将赌注押在行将就木的事物上

关注未来。不要依恋任何终将逝去的东西。不论你投入多少时间、精力或财力，某些事情一旦注定要消亡，它就一定会永远消亡。

从现在至数百年之后，世界上也许仅存三十种使用语言。许多语言在人们的生活中都将不再具有任何沟通作用。适合继续使用数

第十一章
展望未来

百年的语言包括英语、汉语和西班牙语。你如果想在当今世界真正建功树业，就将宝押在你所熟知、且将延续存在下去的领域。

女性时代来临

传统上，亚洲妇女的待遇与男性截然不同。在许多国家中，女孩结婚时，她的家庭必须准备一份嫁妆，作为她找到了丈夫的额外奖励。与世界其他地区的妇女一样，亚洲妇女在所处的社会中，也长期受到不公正待遇之苦。她们在工作岗位上，无论是工资待遇，还是晋升问题，都受到不公正的对待。在中国、韩国、印度，以及亚洲其他国家，生男孩都是家庭的优先考虑，因而，目前女孩数量较少。不久，亚洲的普通男孩将会经历一番困难和周折才能娶到妻子。以韩国为例，目前，二十岁男孩与二十岁女孩的数量比为

120∶100；而在中国，男孩与女孩的出生率比为119∶100。当所有这些女孩成长为妇女时，她们就有条件要求更大的自由。这种状况给社会带来的诸多后果相当严重：职业、教育、政治，以及一切都将有所变化。我非常高兴有两个女儿。

关注所有人都熟视无睹的领域

绝大多数的金融投资家只看重强势市场。到1998年为止，我的研究表明，一个商品市场时代即将来临。当时，极少有人注意到，商品市场的长期低迷已经严重地限制了供应。某个记者曾问我，私人投资者的最佳投资选择是什么。我将桌子上的糖向这位记者推了推，笑着说："这是最佳投资。拿回家去吧。"当时，食糖价格每磅（英美制质量或重量单位。1磅合0.4536千克。——编者注）五点五美分。这位记者怀疑地看着我，我再次微笑回应。有的时候，某个投资项目听上去越是荒谬可笑，就越有可能是产生利润的较好机会。

假如你正在寻求成功，就要当机立断，从某些新事物开始，也就是从来没有人尝试过的事物。你如果想投资，就在熊市找机会。许多人正是通过投资任何人都看不到有潜力的领域而频繁获利。比如，1998年将资金投入到商品市场。只要你有勇气购买在当时传统智慧眼里根本就不起眼的东西，你就能够致富。顺便说一句，食糖的价格最终上涨了三倍。当然，我敢打赌，那位记者肯定失去了赚一笔大钱的机会。

✉ 越肯定的事情，获利的可能性越小

许多听过我讲座的人问我，某个或另一个投资项目是否"肯

定"赢利，或者告诉他们准确地买进和卖出的时间。每当人们问我某个项目是否属于不赔押注时，我都会诚实地告诉他们，我也不知道。世界上没有任何事情是百分之百确定的，除了我对你们的爱：我的女儿们。如果许多人都对某件事绝对有把握时，你们就应该有所怀疑。

✉ 不要以愿望代替思考

永远不要单凭主观愿望行事。没有核对事实就采取行动，你可能会被席卷一空，连本都回不来。人们以同样的方式做事时，也就是你要冷静客观地调查供需市场的时候。

我来给你们一个实例：1980年，人人都想拥有黄金。因此，黄金价格暴涨至每盎司（英美制质量或重量单位。1盎司合28.3495

第十一章
展望未来

克。——编者注）850美元之高。但是，你必须看到，黄金当时正在过度生产。毕竟，对于任何价格上涨的东西，供应商肯定要增加生产。许许多多的人都是以这个虚涨的价格买到了黄金，他们坚持认为，黄金不管怎样都与其他商品是有区别的。朋友们，他们都错了。

越来越多的黄金被开采出来。与此同时，贵重金属的需求量缩减。事实上，许多人将自己手中的黄金珠宝卖给提炼商用于熔化还原，此举进一步增加了供应量。到了2000年，黄金价格低至每盎司仅250美元左右。历史表明，绝大多数经济泡沫需要耗费多年时间才能恢复。因此，经历过某一段时期的狂热之后，投资者几乎没有任何理由进入黄金市场。白银的供需市场也曾经历过一模一样的变化，从1980年狂热期的50美元，直跌落至二十年后的4美元。

假如你看到如此之多的人做事都不切实际，你要按兵不动，对市场的供需平衡进行客观分析、评估。铭记这一基本原理，可以使你离成功更近一大步。

知道何时不做事情

任何时候，当你认为自己已成为金融天才时，而事实上，你只是非常幸运地暂获小利，这个时候就需要静心坐下来，在一段时间内，什么都不要做。如果你偶然在牛市上暂获成功，就认为自己有天赋，你要马上就此打住。有了这个想法就相当危险，因为，你的思考方式开始与其他所有人一样了。停下来，等一等，直到这种正在影响你思考的大众心理平息并消退殆尽。

A GIFT
TO
MY CHILDREN

第十二章
幸运女神总是
青睐坚持不懈的人们

A Father's Lessons for Life and Investing

小贴士

✿ 知道自我价值。只有周围的人们看到你们珍视自己,他们才会友好地善待你们,这是至关重要的一点。这需要自信,我们正在努力培养和帮助你们树立这种自信。

✿ 永远要志存高远,绝不放弃。生活就是一场专心致志、努力学习、勤于收获的旅途。

✿ 记住,心灵聪慧的人不会过于注重生活的挫折,也不会过于担忧恐惧,相反,他们会更注重欣赏人生旅途的辉煌与绚丽。

✉ 做好功课，否则，最后你手里会只剩下一个玻璃珠

　　你们一旦迈出实现自己梦想的第一步，就要全力以赴，做好预备功课。你如果想要成功，就绝对不能忽视做预备功课。我最成功的投资，正是我预先投入了大量时间和勤奋努力的项目，收集所有可能获得的信息，研究、分析每一处细枝末节。如果你对某事不明白，难以真正地理解它，你就可能无法成功。同样，如果你对某一领域仅仅是涉足尝试一下，你那就是在赌博，而不是在投资。

　　你们母亲和我环球旅游期间，在非洲的纳米比亚的时候，我从走私贩子手里买了一颗钻石送给你们的母亲。走私贩子告诉我，

这颗钻石价值70 000美元。我认为，走私贩子是铤而走险，急于求成，于是我讨价还价，仅用500美元就买了下来。你们的母亲只看了一眼，立即就宣称我被骗了。之后到了坦桑尼亚，我把买的东西给一名钻石商看。钻石商笑了，它根本不是钻石，而是玻璃珠。我当然知道钻石的价值，但是我也就只知道它的价值，其他一无所知。我真是太外行了，根本分不清真假钻石。我一直都在向人们建议，一定要在自己熟悉的领域内进行投资活动，而我自己却在钻石问题上彻底出了丑。

如果你想成功，你就必须深入了解自己所从事的领域。如果你不知道如何判断一颗钻石的真假，你就会落得和我一样的结果：只剩下一颗玻璃珠。回头看这件事，我很高兴它不是一颗真钻石。对我来说，它是一个相对便宜的物件，提醒我避免在完全不懂的领域内进行任何投资活动。

第十二章
幸运女神总是青睐坚持不懈的人们

❎ 傲慢会让你无视真理

如果你们被虚荣和自负控制，你们将失去自己所争取到的一切，而且这个过程非常快。

你们只需要看看美国就知道了。美国人对世界毫无兴趣，仍相信他们还是世界的中心。他们就是不相信，美国已不再如往日一样富于竞争力。美国人相信，货币贬值是推销美国产品的关键。正是依赖于这一逻辑，美元已不可能再长时间保持坚挺。

综观历史，许多国家都曾试图以汇率贬值的方法恢复经济，使国家更具竞争力。然而，这一做法在长远意义抑或是中远意义上从未奏效。它可能在短期意义上有效果，但不会总是奏效。唯有质量与服务才具有长远意义。

无知是一种极度自负的表现。永远不要让自己变得傲慢自大。努力学习。你学得越多，就越能意识到自己是多么无知。以谦卑为怀，你永远也不会忽视区分自信与自负的标准。

梦想之路永不停步

我与你们的母亲驾驶汽车环游世界的时候,我的父亲癌症恶化,终于与世长辞。然而,我没有为了赶回到父亲的身边而终止我们的旅程。这听上去可能有些自私或者令人心寒。然而,我要让你们明白我为什么做出这个抉择。我继续环球旅行是我父亲的梦想,也是我的梦想。父亲坚持不要为了他的缘故而终止旅行。当他的病情越来越恶化的时候,对我来说,最重要的就是告诉他,我是如此为他骄傲,我是如此爱他。我经常给父亲打电话,给他写了许多封信。但是,我没有回到美国。每当我记起那些日子和他的愿望,我都禁不住流泪。

我希望你们能实现自己的梦想,这也是我的梦想。作为你们的父亲,我祝愿你们一生幸福美满。我要你们毫不犹豫地追寻任何能够激发你们热情与激情的东西,不论它是什么。持之以恒地实现你们的梦想,不是别人的,也不是我的。许多人都在想方设法地为他人活着——他们的孩子、伴侣、父母、朋友,正因为如此,使他们令自己深陷并纠缠于满足超出他们能力或是不切实际的期望。这样

第十二章
幸运女神总是青睐坚持不懈的人们

一来，几乎没有留给他们自己一点个人成长和进步的空间，无形中就会因失去的机会而产生某种愤恨。

我会一直给予你们建议，这些都是我认为你们应该做的。但是，接受与否，决定权在你们自己！我绝不希望你们为我而活。因为，我爱你们，我支持、鼓励你们做真实的自己。你们为创造有声有色的充实生活所做出的每一步努力，只能加深我对你们的慈爱和关心。我是你们的父亲，但是，你们需要树立自己的生活目标，展望你们自己的未来，发现你们自己的人生道路。我会尽全部的努力帮助你们避免错误，当然，我知道，不管怎样，你们肯定都会犯一些错误。我愿意做任何事情以防止你们遭受任何挫折或伤痛，这是父亲应该做的。（我的意思是，每当你们其中一个做疫苗接种，小脸肌肉有些抽搐时，我仍然会不由自主地向后退缩。）我还要表达的是，归根到底，你们的成功与幸福完全取决于你们自己。

你们俩也许总有一天要结婚嫁人。我在婚姻问题上犯过一些错误，所以，我知道失败的婚姻会给予生活怎样的打击。尽管我有疑虑，但我还是行动了。我有过一段愚蠢的婚姻，至少在一定程度上是的。但是，后来你们的母亲别具慧眼，做出了人生中最最重要的决定。结婚前一定要谨小慎微。你们只要有任何疑虑，即使意味着在最后的时刻逃离婚礼圣坛，也不要结婚。你们的母亲和我永远支持你们。

✉ 将这些信息传递给你们的孩子

我真心实意期待向你们传授我父母和祖父母对我的全部教诲。快乐，当你还在你母亲的子宫里的时候，我就为你买了一幅世界地图和一个地球仪，还有一个存钱罐。当然，我也为小蜜蜂准备了同样的东西。我希望，有一天，你们俩与你们自己的孩子们，分享你们的母亲和我传授给你们的智慧。

A GIFT
TO
MY CHILDREN

第十三章

学校的日子

A Father's Lessons for Life and Investing

—— 小贴士 ——

✪ 尽最大努力学会心算。计算器随处可见，但是通过心算，你可以比其他人更理解数字，同时，你还能注意到其他人漏掉的数据等异常情况。心算技能将使你具备得天独厚的优势，几乎没有人能与你匹敌。

✪ 永远要提出问题，不要害怕提问。最愚蠢的事就是你从不提问。

✪ 绝大多数情况下，家庭是你们最大的财富，当然不是所有人都拥有这样的家庭。历史上不乏家庭成员相互谋杀的案例。我希望你们家庭和睦、幸福完美。因为，毕竟血浓于水。

✪ 分享与付出所获得的快乐，远比单纯拥有财富更令人享受。

善于包容差异

姑娘们,你们已有所经历。生活中,你们不可能时时处处都与人融洽相处。在新加坡,你们一直在南洋地区的学校里,不论是幼儿园、有声望的公立学校、还是政府学校,在这些地方,你们几乎是唯一金发碧眼的学生。

当你们还小的时候,这似乎并不重要。快乐,你是你们小学的第一位"纯白种人",还担任校执行委员会委员。因你的个人能力出众,你是一位明星,没有人对你的外表看上去与其他人不同这一事实有任何异议。但是,在你进入中学的第二年,一切就发生了改变。

中学第二个学年开学前那天,你哭了。你告诉我,你不想回到学校，因为，人人都在风言风语。那时，我忧心如焚。我反省我们的决定是否正确：我们移居亚洲，将我们的女儿置于当地学校，在校园里，她们因外表与众不同而惹人注目，她们努力与偏见抗争。我怀疑，我是否犯了天大的错误。

我给在美国的一些朋友打电话，与他们谈起我青年时代的事情。当时，学校刚刚开始接受有色人种的孩子入学，一些学校只有少数黑人孩子。我的朋友之中，有一个黑人，他是当时进入贵族预科学校的几个黑人之一。然后他进入美国的一所寄宿学校，接着是耶鲁大学和哈佛法学院。他终于功成名就。但是，他告诉我，在美国东部寄宿学校这样的氛围里，作为一个黑人，经历极其艰难，必须克服一切。

与他通过电话后，我有些焦虑，感受到煎熬。我质疑移居新加坡的决定。因为，快乐再也不像小学时那样星光灿烂，而且她不想再回到中学去。中学第一年，她曾提到，人们认识她，并且议论她，因为她是全校唯一金发碧眼的学生，但现在这已不再是一个问题。她说，现在有些人认识她，完全是因为我的原因。她的一些朋友似乎认为，她的父亲是一位名人。我最不希望她这么认为，因为，名人的孩子，或者略有名气的人的孩子，这一特征可能会引起一系列的麻烦。

有了那次经历后，我每天都会担心，每天都要询问你在学校的情况。当然，我不能确定是否真的有必要再这样做，因为，你越来越坚强，根本不用再考虑你与众不同的外表。

回击校园霸凌

校园霸凌早已是美国校园存在的一个严重的问题。正是因为这个原因，我总是在问你们学校是否也有各种各样的霸凌事件。小蜜蜂，你告诉过我，你们学校有一些霸凌事件，但是他们还没有对你进行霸凌。也就是说，在你们学校，三百或四百名学生中，每年仅发生一或两起霸凌事件。

我想告诉你们，如果你们自己确实遭遇到了霸凌事件，或者假如你们看到其他人正在受到霸凌，你们必须向学校报告。这是为正在受到霸凌的人好，也是为了霸凌者好。因为，受害者今后无须再面对霸凌者，无须再忍受威胁以及恶意行为，而霸凌者要面对因其行为造成的严重后果。

曾经发生过许多孩子因受到霸凌而自杀或自伤的事件。我强烈建议你们，假如你们在学校看到霸凌事件，一定要大胆讲出来。这是你们的职责。我非常愿意看到，你们成长为有勇气、有正义、有道德的女孩子，勇于报告霸凌事件。你们可能会被认为是告密者，或者因为报告而受伤。但是，一定记得，霸凌对任何人，包括霸凌者本人，都有害无益。

如果在某个霸凌者面前人人都胆怯畏缩，那么谁也不会接受教训，包括霸凌者。如果你们学校的霸凌者被逐出学校，这或许不是最好的结果。毕竟，霸凌者走了，对你们有益。但霸凌者会把麻烦带到他所去的另一所学校，并在那儿继续霸凌。

接受某些心理咨询和其他帮助，可能对霸凌者有一定的益处，帮助霸凌者明白他们的行为可能产生的后果，解决他们攻击好斗的根源问题。记住，霸凌者之所以行为如此，是因为其家庭问题或是自身的不安全感。所以，某些心理咨询帮助和向别人倾诉，可能会使他们受益。

当我还是个孩子的时候，当然已很久远了，我不记得霸凌事件。我们那时候肯定也有霸凌现象，但那是一个很小的镇子，也许真的没有。如果当时我遇到霸凌者，我一定会报告，正如你们也一定会报告。这才是对霸凌现象唯一正确的回击方式。

学生成功之关键

你们刚进入南洋小学的时候，我们听过你们一位老师解释学生成才的关键。她主要的建议就是：首先，认真读题，理解题意；其次，检查答案。

对这个建议，开始我不以为意，因为我觉得这些是很平常的，是显而易见的。但是我错了。我开始注意到，快乐犯过的错误，小蜜蜂后来也犯，都是因为没有理解题意，也没有检查答案。你们俩本可以做得更好，只要你们认真读题，花些时间理解题意。同样的道理，检查你们的答案。如果你们再检查一下你们的答案，你们就能够发现错误。

我现在重申老师当时告诫你们的：认真读题，理解题意；检查答案。结果证明，老师教育了我们所有人。

关于全面发展

你们俩都能讲一口标准的英语和汉语。快乐，你在新加坡的普通话演讲比赛中甚至获过大奖。小蜜蜂，你还在学习西班牙语，虽然目前你的西班牙语水平暂时比不上你的英语和汉语水平，但你做得相当不错。

第十三章
学校的日子

快乐，你也上过西班牙语课，但后来不去了。不久以前的一天，你对我说："唉，我真希望当时没有放弃西班牙语课。"当时你学习西班牙语，我们一直为你在新加坡有大量的家庭作业而担忧，停止你的西班牙语课也是迫不得已。现在你后悔了，希望再重新学。我们全力支持你，加油。

我的观点是，如果你们讲英语、汉语和西班牙语，你们就有能力走遍世界任何地方。你们一定能够全面发展，为今后的生活做好充分准备。

关于寄宿难题

你们希望去英国读寄宿学校。我有许多朋友都上过寄宿学校，其中一些人喜欢那段经历，也有一些人认为寄宿学校不怎么样。真实的情况是，在管理青少年方面，寄宿学校比我们更有经验。他们一直不断地做这项耗时费力的事务，对青少年在这一关键时期所面临的挑战以及易犯的错误了如指掌。寄宿学校能够提供许多良好的条件，所以将寄宿学校作为一个选择，合情合理。

　　目前在亚洲，许多富裕的中国家庭眼下都在试图仿效西方。大量的中国家庭都认为，最好的教育环境是寄宿学校，而且很多家庭都着眼于英国，寻找卓越的学校和教育专业。不过我感觉，也有其他家庭反驳这种观点，他们坚决不将自己的儿子或女儿送走。

　　我为人父母比较晚，不想错过与你们在一起的每一时刻。我希望尽最大可能，充分享受这一过程。虽然，作为一名父亲，就意味着要边做边学，要犯错误，然后努力纠正错误。我愿意经历这一切，期待着将要发生的一切。我希望，在我经历这些事情时，你们俩一直在我身边。

A GIFT
TO
MY CHILDREN

第十四章

禁忌与戒律

A Father's Lessons for Life and Investing

---小贴士---

✪ 当你们长大了，记住，你们在单身酒吧很少能获得有用的东西，酒保却能从你这里知道许多，也挣到许多钱。

✪ 保持工作与生活之间的严格界线至关重要。

✪ 避免每晚下班后与同事们在外面喝酒。你会注意到，老板从来不这样做，这也是他成为老板的原因。

✉ 健康饮食

你们进入青少年时期之后,有许许多多的事情将会影响你们的生活。你们将看到,自己的朋友们面对种种不同的挑战,以各自的方式奋斗与抗争。一些人可能难于应对学校的压力,或者在学习上失败,其他人可能遇到家庭内部矛盾。你们会越来越关注你们的外表和着装。在你们的朋友中,有些人可能担心她们的食物,正是这种担心导致她们饮食混乱,如产生厌食症或贪食症。

快乐,你的一个朋友患上了贪食症,而另一个朋友却患上厌食症。患厌食症的女孩仅十三岁,已住进医院,因为她已根本不再进食。有一天,你建议我们去医院看看这个女孩,我很高兴。我们去医院探望了这个女孩，尽管此前同学中还没有人去过。

厌食症和贪食症都是顽疾，这两种病症都不能通过药物治疗后痊愈，因为它们属于心理异常。到目前为止，你还没有饮食混乱，而小蜜蜂才九岁，所以我暂不担心她会有这个问题。但是，我们对饮食混乱的问题必须充分重视，随时保持警惕。我们的孩子所处的环境，很容易注意到朋友圈子中人们的饮食习惯，快乐，这就是你和你的朋友正在做的事情。你注意到她每天只吃一个苹果，而且吃得越来越慢。我不知道你是否将这件事告诉了你们的老师，但是其中一位老师注意到了，才让她住进了医院。

所以，关注你的朋友，关注你自己，我们为人父母，也需要确保我们也在关注自己和其他人。饮食混乱会影响某个你认识的人，你必须有所准备。孩子们，不要害怕饮食。吃得好些，健康地吃，不要过于担心自己的体重。不论你们的身型是胖是瘦、体重是大是小，你们都非常漂亮，永远漂亮。

第十四章
禁忌与戒律

关于文身

　　这段时期，文身似乎相当流行。我在电影明星和社会名流身上都看到文身，在大街上行走的人们身上看到过，处处都看到过。孩子们，我对你们的建议是，不要文身。我觉得，虽然有一个文身看上去挺酷，但它会永远附着在你们身上。尽管你现在可能意志坚决，你会永远喜欢它，而事实上，这是不可能的。我可以肯定，你会改变主意。在你未来数十年的生活中，你会多次改变主意。在你四十五岁的时候，可能最不愿意看到的就是文在身上的一个名字"鲍伯"，而你嫁的人名字却是查尔斯，或者是一个你再也无法忍受的文身图案。

　　我最近与一个朋友蔡医生，谈论过文身问题。他告诉我，他有一些病人排队等候，要求将他们的文身除掉。他说，在有些情况下，这些人从文身馆出来就直接到他这儿来了。这些人都是自我清醒了之后才意识到，他们犯了一个极大的错误。蔡医生告诉我，最近一段时间，要求去除文身的人特别多，这成了他每天全部的工作。然而，去除文身不是一个简单的过程，需要几周甚至几个月的时间，多次操作，而且非常痛苦，价格不菲。

我在生活中认识到，没有任何一种情况能够让你永远也不改变主意，其中甚至包含许多你曾绝对确信无疑的事情：你的配偶、你的学校和你的工作。我们都会恋爱，而当我们结婚时，我们发誓与我们的配偶度过一生，然而极少数人做到了。这种情况也同样适用于你选择学校或你的工作。你对某本书或某部电影的观点，会随着你的生活经历而改变。因此，你对文身的情感也会变化，当初固执坚决地要文身，也会不可避免地要去掉。如果你真觉得需要一个文身，可以做一个假的。当你对文身改变初衷的时候，你也就轻松释然了。

第十四章
禁忌与戒律

✉ 想得开，看得远

　　自杀事件似乎正在增加，尤其是在青少年中间。我读到一些报道，说二十多岁的成年人自杀率比以往有所增加。这也许与学习或生活压力有关；也许是因为恐惧，担心难以不负众望；或者与孤独有关，而这种孤独感源自社交媒体上越来越高的关注度；也许是因为失望或绝望。不论是什么原因，显而易见，自杀就是一个踏上不归之路的决定。

　　每当我听说或看到关于自杀的报道，我都感到沮丧、消沉，因为我知道，如果那个人再等上几个月或几年，情况可能会有所不同。生活中的改变是不可避免的，一个人无论多么抑郁，或事情有多么糟糕，假如你能够再等等，情况不会一成不变。

　　我听说过关于一个二十六岁年轻人的故事。他是普林斯顿大学的一名毕业生，也是哈佛大学商学院的学生。两年之后，他被告知，他将拿不到学位。他毫不迟疑地离开，然后开枪自杀。在那个时候，拿不到学位就像是灾难性的失败，然而也就十年或二十年，拿学位这类事肯定不会那么重要了。他是一位聪明的学生，而且已从普林斯顿大学毕业，几乎肯定事业有成，成功在即。可悲的是，他过早地放弃了，再也没有机会证明自己是一个真正的成功者。

另一个悲剧。我认识一个人，他在妻子离开他后不久就开枪自杀了。假如他承受了痛苦，坚持下去，他就会认识到，他可能还会再深深地爱上另外一个女人，甚至更多女人。无论你感受多么痛，或天愁地惨，只要你承受、克服，你就会发现快乐。这恰恰就如同跌入痛不欲生的绝望境地，之后又达到快乐至极的那一种欣喜若狂。所以，我对你们的建议是，经历痛苦和折磨。因为在承受并渡过难关后，你们一定会比你们想象的要飞得更高更远。

我记得，我与第一任夫人分开时，我当时精神上彻底崩溃了，创巨痛深。我经历了很长时间才忘掉她。不久前，我非常偶然地遇到她，我以为我还会像过去一样不高兴。令我惊奇的是，我感到如释重负，因为我们分开了。想起她，我意识到，如果这些年一直没有与她离婚，我的生活肯定是一场噩梦。我不是真正地喜欢她，也不觉得她非常有情调。她不够聪明、没有情趣、缺少魅力。我们之

第十四章
禁忌与戒律

间，已经没有了能够建立幸福长久，令双方满足的关系的任何基础。而且，在我们分开期间，我处于绝望之中，境况非常糟糕。我真的可能屈服于痛苦，选择轻生。然而，我选择了等待痛苦消失。现在，我有了非常美丽、聪明的夫人，我对她敬佩不已、爱慕有加。至于那个寻短见的人，只要他能再坚持一下，谁知道会有什么在等待着他呢？

我的曾祖父（你们的曾曾祖父），生活在19世纪，是一名机修工。那个时代的机修工，就如同今天的科技神童。他非常优秀，发明的一些工具都获得了专利。他与机器打交道，在当时那个工业革命时代，是非常令人兴奋的工作。但是后来，他的胳膊感染了病毒。为了治病，他必须离开家乡俄克拉何马州，迁移到堪萨斯州。迁移费和治病费非常昂贵，而他有可能要失去一只胳膊。他将来有可能不得不只依靠一只胳膊维持家庭生计，而且又没有了任何积蓄。他彻底崩溃了，放弃了生存的希望，在屋子前廊开枪结束了自己的生命，留下妻子和三个未成年的孩子。

他当时想到的是，结束自己的生命是为了妻子和孩子，因为可以省掉迁移和治疗的费用，此外，即使再回到家乡，他也就只有一只胳膊，等于是残废。他的妻子坚持了下来，找到一份工作，独自一人继续抚育三个孩子。他们最大的儿子后来成长为一名卓越的律师，二儿子成长为事业有成的医生，而他们的女儿成长为优秀的教师。他们都上了大学，在各自的岗位上卓有成绩，享受着充实幸福的生活。

那时，人们说，我的曾祖父选择放弃生命是高尚之举，以减少自己给家庭带来的苦难。但是，我真希望他没有这样做。假如当时我在的话，我会告诉他坚决不要结束生命，因为，这一切会改变的，最终会有解决办法的。他可能不会失去他的胳膊，即使失去了，他仍然可能会继续设计大获成功的专利工具。他可以看着孩子们成长，见证他们的成功与成就。

所以，女儿们，如果你们感到抑郁消沉，感到不能坚持了，一定再坚持一下。记住，任何伤心消极的事情都会过去，一切都会改变，你们要以长远的心态看待生活。即使你们认为事情已经糟糕到了极点，而且事实确实如此，那又能怎么样呢？如果你们想以某种方式逃避，那就骑上摩托车，直奔拉斯维加斯，在一家赌场的餐厅厨房洗上一段时间的盘子。将来某一天，你们有可能拥有这家赌场，只要你们等待，斗转星移，时过境迁。尽管我坚决反对文身，但我宁愿你们文身，也不愿你们早早地离开这个世界。

A GIFT
TO
MY CHILDREN

第十五章

为生活而成功

A Father's Lessons for Life and Investing

——小贴士——

✪ 照顾好你们自己！你们如果没有好的休息，没有好的身体，就很难有所成就。你们知道，你们的母亲为何经常给你们擦防晒霜，她真是细致入微。

✪ 学会保持镇定，特别是在承受压力或混乱焦虑的时候。保持镇定，你们就会做出更明智的决策。我已经改变了许多，但仍时常鲁莽行事，之后又常常后悔。

✪ 赴约永远要提前。有效地利用自己的时间会给人留下非常深刻的印象，因为，许多人都迟到，而且有些人屡屡迟到。

再试一次，不要放弃

再试一次，不要放弃

T. H. 帕尔梅

有句箴言你要牢记，

如有偶然不顺，一时失利，

再试一次，不要放弃。

如此你将重拾勇气，

内心刚强坚毅，无所畏惧。

再试一次，不要放弃。

即便事事不尽如人意，

总要目标笃定，矢志不渝，

再试一次，不要放弃。

有志之士令德如玉，

从来既当其事，必竟其役，

再试一次，不要放弃。

就算前途遍布荆棘，

当知水滴石穿，时移世易，

再试一次，不要放弃。

成功之人皆有定理，

必当初心不改，永远铭记：

再试一次，不要放弃。

　　我特别要在本章指出的第一个要点就是，失败的目的是引领你走向成功。那些事业有成的人，看到的不仅仅是失败，而是着眼于

第十五章
为生活而成功

未来。而那些害怕失败的人有可能从未成功过，就是因为他们没有努力。对尝试新事物不要有畏惧心理。我们居住的房间墙上悬挂着一首诗，题目是"再试一次，不要放弃"。我不知道这首诗是否为美国某位著名诗人所写，但这首诗我们至少已读过数百次。我时时刻刻强调，你们要不畏惧尝试新事物。

你在某件事情上失败，你就要从失败中汲取经验和教训，同时要学会不放弃。我们都知道，美丽的人并非一定会成功。我们也知道，聪明的人并非一定会成功。我们还知道有才干的人并非一定会成功。我们更知道，受过良好教育的人并非一定会成功。成功的人一定是那些坚韧不拔、百折不挠的人。他们从不放弃，不论经历多少失败。也许他们不如"张三"或"李四"聪明，但是"张三"或"李四"放弃了，而他们没有放弃，他们挺住了，坚持不懈。短语"百折不挠"应该成为你们一生中最重要的词语之一。绝不放弃，绝不要让失败战胜你。

我经常给一些机构做演讲，每次都讲我年轻的时候是如何失去一切，变得一贫如洗的。在我创立公司的初期，在五个月的时间里，我的钱增长了三倍，而与此同时，其他人都纷纷破产。我对自己说，挣钱太容易了。我以为，我马上就会成为第二个"伯纳德·巴鲁克"了（伯纳德·巴鲁克 Bernard Baruch，白手起家的投资大师，20世纪40年代美国总统经济顾问、慈善家。——译者注）。受到日进斗金的鼓舞，我继续做下去，等待着市场按照我的意志发展。但是，两个月后，我失去了一切。没错，我是说一切。从这次经历中我获得的第一个教训就是，你自认为很聪明，其实你不是。这对我是一次很有意义的教训，也是对每个人有益的教训。

你可能要问，这是怎么回事？我卖出了一些股票，不到两年，我持有股票的六家公司都破产了，我失去了一切。市场再次暴涨，所有的股票上涨都突破顶线。这就是市场，我对它根本不了解；市场的表现可以是既愚蠢又非理性的。

此次经历教育了我，让我更多地了解了自己，也让我了解了市场，同时让我更明白的是，我绝不能放弃。我既然已失去了一切，那我除了继续前进，别无他选。第二天早上醒来，我努力重新开始。我做到了不屈不挠。

我经常对与我交流的人们说，他们无须担忧失败。那些没有多次失败的人，也难得一次成功。我对他们说，如果失去一切，没有关系。世界上许多成功人士都曾经至少有一次失去过一切，有些甚至两次。所以，如果可能，经历两次失去一切的失败，但一

第十五章
为生活而成功

定要早！你们应该不希望在你们六十六岁了再失败,所以最好在你们二十六岁时。银行业有这样一个说法,如果一名信贷员从没有呆账,那是因为他从未放贷！他从未做过任何事情,也就未尝试过。我想让你们理解,失败固然事关重大,但百折不挠才是更为重要的。

✉ 有规律的作息

我希望为你们提供一些原则和方法,使你们的生活有章可循,事业上目标笃定,工作上有条不紊。生活中有原则非常重要,不论是饮酒或是追男孩子,或是懒散、翘作业。你们必须坚强、自信并且要有自知之明。如果所有人都去海滩,而你们知道自己需要做作业,那么就听自己的,鼓足勇气,不要被引入歧途。永远保持自信，有勇气面对真实的自己。

　　我为你们俩制定的有关工作的一条原则，就是你们在青少年时期一定要打工。你们不需要钱，但我坚决要求你们打工，因为，你们可以从打工中了解人生，学会生活。你们会知道，你们必须按时完成工作；你们必须完成别人要求你们做的事情；你们必须与老板们打交道，尽管他们可能并不聪明或理智。你可能会遇到令人非常讨厌、反感之极的同事或客户。这就是生活，这就是人们存在于这个世界的方式。

　　快乐，你已接到为别人辅导中文的邀请。对青少年来说，这是一件非常了不起的工作，你能够挣不少钱。你必须有规有矩，工作要有条有理。这份工作绝不会像是在麦当劳打工，那里的客人可以说："嘿，你这个蠢货，我的汉堡呢？"或诸如此类的话。

　　打工还可以教育你们，钱不是长在树上。你们必须努力工作挣自己的钱。你们将会知道要多么努力才能够挣到钱，钱不会简单地从天下掉下来，也不会白白地给你们。对每一个孩子来说，这都是必须学习的重要一课。我希望，所有的父母都意识到这一点，并且让他们的孩子在青少年时期打工。美国一所知名的大学——应该是哈佛大学——进行过的一项调查研究表明，成年人是否幸福最重要

第十五章
为生活而成功

的一个决定性因素就是他们是否在青少年时期打过工。

这项研究发现，成年人，不论富有与否、聪明与否、是否矫健，年轻时期的打工经历才是他们生活幸福最重要的因素。这一结论对我们刚才的讨论给予了合理的证明。

前几天，我正在上海，遇到一位美国姑娘。她告诉我，自己二十四岁以前从未工作过，而当她终于找到一份工作后，她陷于困境。她一直为客户提供一项服务，但没有要求他们支付费用，因为她过于害怕张口要钱，以致根本不知道如何要求客户付费。她以前从未有过要求客户付费的经历，因为所有费用都是自然而然地就给她了。我不希望这个女孩的情形发生在你们俩身上。所以，我非常赞许你们进入青少年时期后，努力争取打工。我极力主张你们要有恒心，坚持不懈，从打工经历中学习经验，以备将来创造成功的生活。

锐意进取，你最优秀

我鼓励你们每天在学校专心致志地学习，永远尽最大努力做好一切，当然也要牢记这一点。许许多多的成功人士，他们在学校的成绩并非很好。我坚持这件事情的原因在于，我希望你们在校努力学习，因为成绩优异能够给你们更多的选择。如果你们学习努力，你们就能够获得最佳成绩，就能够将目标定在诸如普林斯顿大学这样备受尊崇的高等院校，在那些地方继续接受教育。也许你们在学校取得了非常优秀的成绩，但现在不想要这个选择，至少你们将来还有这个选择。你们只有在努力学习、取得优异成绩的前提下，才能有这样的备选项。你们可能听说过这句经典的话："优等生为差等生打工。"很多情况下，在校成绩优异的人，最终在事业上并非大获成功。你们将来可能还会听到这样的说法："中等生为政府工作。"即使你们学习成绩中等，你们也大可不必为政

第十五章
为生活而成功

府工作。假如你们是优等生,也确定无疑不必为政府工作,当然也没必要为差等生打工。努力学习仅仅是为你们未来的生活提供更多选择。

我在耶鲁大学和牛津大学读书期间结识了许多朋友,当时都正值他们学习的巅峰。他们拼尽全力,实现了进入这些高等学府的雄心大志,然而之后他们似乎就都表现平平。从某种意义上来说,进入耶鲁大学和牛津大学毁了他们,因为,他们的功成名就,他们的雄心大志,到这个阶段就结束了。在前进的道路上,他们在后来生活中的成就,几乎无法与他们在大学的成就相提并论。

如果你们努力学习,全力以赴,而又不进入世界排名靠前的大学,别担心,这无关紧要。关键是,你们从未放弃过努力,你们的学习成绩是你们跃向成功未来的助力跳板。

我们都知道那些从学校辍学后大获成功的人。我想在这里再次重申这样一个事实:你们不是天才,这无所谓,但你们一定要始终不断地全力以赴。你们无须是爱因斯坦,也能在生活中获得成功。

即使你们进入了一所顶尖大学,在学校里最重要的是你们必须展望未来。在学习生活中成功获得生活技能,以保证无论走到哪儿，无论做什么工作，你们都能成功。而生活的道路通向远方，远离你们的教育和大学。我希望，现在教给你们的东西，会有助于你们在未来，在二十八岁、三十八岁或四十八岁时获得成功。

勇于提问

我一生中获得的最重要的经验之一就是，只要开始把事情做正确了，后面做事就非常容易。我再三地向你们重复这一点，也时时刻刻告诉我的员工。所以，不要着急，慢慢来，需要多少时间都可以，但一定要把事情做正确。那么，如果你们没有把握如何把事情做正确，那就问。

世界上没有愚蠢的问题。最愚蠢的问题就是你们根本不提出问题。我曾经告诉过你们，只要你们愿意，问我多少问题都可以，上

第十五章
为生活而成功

不封顶。假如我说"这个问题太愚蠢",你们肯定就会注视着我,然后说:"老爸,你告诉过我们要经常问问题,这样我们才能在第一时间把事情做正确。"

你们如果不提出问题,就无法在第一时间得到答案。首先,就会有人发现你做事不正确。其次,纠正以前犯过的错误需要花费更长的时间。

只要你们充分自信,提出问题,你们就能在第一时间把事情做正确,并在今后把事情做正确。这适用于你们的工作、家庭生活和业余爱好。不论做什么,只要你们在第一时间把事情做正确,就可以为你们自己创造更轻松的生活。所以,我的口头禅就是:"永远要提问。"

✉ 保证睡眠，也许还能梦见成功

越来越多的研究，着重强调在孩子成长过程中睡眠的重要性。有研究声称，锻炼不如睡眠重要，甚至做家庭作业也不如睡眠重要。你们俩每天晚上都想尽量晚睡。你们告诉我，同学们都比你们俩睡得晚。我的答复是："他们晚睡没有问题，因为他们不住在这儿。"然后，我补充说："如果他们尽力熬夜，你们面对的竞争就会轻松许多！"

我从自己的经历中得出的经验：只要你得到充分的休息，你就能在考试、演讲中有突出的表现，处理问题会更有效。因此，我坚持要求你们，考试前的晚上一定早休息。准备考试的过程中，额外的睡眠比额外的死记硬背效果更佳。

有研究表明，不仅对孩子，对我们所有人来说，充足的睡眠比锻炼更重要。每当我感到有点疲倦时，我就会提醒自己小睡一会

第十五章
为生活而成功

儿，而不是去健身房。

因此，我坚持要求你们尽量保证充足的睡眠。理论上讲，你们不应该被闹钟叫醒，而是应该根据身体需要自然醒。我大约在三十岁的时候才意识到，由身体自然醒开启的一天，要比被闹钟叫醒起床更轻松愉快，精神状态更佳。所以，我不再用闹钟叫醒。我每天充分休息后，充满活力地去上班，不管我是第一个到达办公室的，还是最后一个。

将来有一天，你们也肯定不可避免地要使用闹钟叫醒，当然，最好的办法是尽量少用。养精蓄锐，休养生息，可以使你们第二天不论遇到什么问题，都精力充沛，严阵以待。

A GIFT
TO
MY CHILDREN

第十六章

展现才华

A Father's Lessons for Life and Investing

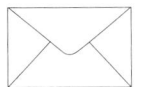

小贴士

✲ 认识自己的优势与劣势。我们在不同程度上都有缺点,完美无缺反而非常乏味。

你们自己的才华

你们应该对自己的才华有所认知，并将它们转化为一项事业，因为，无论你们在哪一项才华上倾注热情与激情，它都终将引领你们走向幸福和成功。

我在演讲课上，有时告诉听众，假如某人醉心于园艺，不论是先生还是女士，只要决心成为一名园艺师，就应该退学，去成为一名园艺师。我知道，许多父母读了本书以后可能会震惊。如果他们的孩子告诉他们，自己希望成为一名园艺师，他们可能会思考一下说："等等，等等，我送你上大学，不是为了让你成为一名园艺师的！"教授们也会震惊。"你怎么了？"他们会对这个学生说，

"你可是在普林斯顿大学上学,你却要成为一名园艺师?"而当这个学生的朋友们听说他的这个强烈愿望时,也会笑着嘲弄他。"普林斯顿大学第一名园艺师!"朋友们是在挖苦他。

我的想法是,假如说,你做的正是你喜爱的事情,那么,你就永远不是"去上班"。因为,你每天早上醒来,都将开始享受快乐。如果你对园艺事业充满激情,专心于它,有一天,你将成为白金汉宫首席园艺师。之后,你的连锁花店会遍及全欧洲,你的下一个公司将会在证券交易市场上市。你的父母会给你打电话说:"我们一直认为,你肯定会成为一名伟大的园艺师。记得吗,在你小时候,我们曾经给过你一些种子,鼓励你种?"你的教授们会说:"我们告诉过你,让你为此争取,因为我们一直都知道,你会成为一名非常成功的园艺师。"你的朋友们也会给你打电话,说:"我看到你的公司在证交所上市了,你拥有欧洲最大的园艺公司。我们有机会在你那里得到一份工作吗?"

你们必须对自己的才华有所认知,投身于你们的个人爱好。嘲笑你们的人越多,你们所做的事情就越有可能成为一项非常了不起的事业。只要你们保持热情与追求,对自己的能力充满信心,雄心勃勃,你们绝对万无一失。

发现孩子的才华

我已经跟你们谈过关于你们对自己才华的认知问题，以及你们自己的才华如何引领你们走向成功。但是，我还想在这里再强调一下父母对他们孩子的才华认知的重要性。

快乐，在你还只有两三岁的时候，我就给你报了足球课。课程是在一个大型体育馆里进行。我们第一次去上课，你就直接跑到场外了。我只好顺着体育馆的边把你追回来。

我们继续送你上课，直到数周后，纽约的天气转暖了，足球课改在当地的一个公园里上。一天早上，教练让所有参加训练的孩子都站成一排，告诉你们，听到他的口令后就从起点线跑到另外一条终点线上。当教练说"跑！"之后，所有孩子开始向另一条终点线跑去，除了你，快乐。你就站在那儿，一动未动。"跑。"我鼓励你。你转过脸来对我说："爸爸，我不想跑。"很显然，无论教练要求你做什么，你都不打算做。你不喜欢足球，也就不在乎违抗教练的命令。我们虽然坚持，但最终还是放弃了。

我最后才恍然大悟，快乐，你不是运动型的孩子。足球课不适合你，所以你不想学。我真应该早意识到这一点，听你的话。但是，我也是初为人父，根本没有经验。现在我知道，虽然我们经常告诫孩子们要听父母的话，但有时候，我们做父母的也需要听一听孩子们在说什么。

我得到的教训是，有时候强迫孩子做他们不喜欢的事，没有任何意义。因为，你不可能将你的喜好或兴趣强加到你的孩子们的身上，还希望他们也喜欢。不管怎么说，快乐，你现在是名优秀的滑雪爱好者，也许你还真有一点运动天赋。

第十六章
展现才华

音乐之声

　　正是因为有了你们俩,我们的家充满了音乐活力,我实在是太幸福了。你们俩都热爱音乐。快乐,你弹钢琴,学习声乐课和吉他演奏课。小蜜蜂,你也弹钢琴,醉心于唱歌,时不时就情不自禁地唱起来。我相信,现在只要我打开书房的门,就能听到你在自己的房间内唱歌。

　　音乐对我来说并不重要,但对你们非常重要。我看得出来,音乐带给你们快乐,我也理解音乐对于你们的价值。你们制定目标,决心学会一首曲子,达到目标,这一切都带给你们满足感和成就感。在完成自己制定的目标的过程中,你们的能力不断发展、不断提高、不断改进。你们战胜了挑战,拓展了你们的才能。要想做一名成熟的音乐人,你们需要专心致志、严以律己,同时要心高志远。在你们追逐幸福成功的人生过程中,这些品质能够使你们更加出类拔萃。

今日社会，孩子们回到家后，通常直接就奔向当前的科技玩意儿而去，iPad平板电脑呀、Wii游戏机呀，或者笔记本电脑什么的。其实，更好的习惯是去学习乐器，你们俩现在就是这样做的。

根据研究，如果你在演奏某种乐器，你的大脑的运动神经和听觉皮层都会发生变化。听觉皮层变化，是因为你在训练你的耳朵。运动神经变化，是因为你在练习过程中增加使用你的手指和胳膊。

更令人欣慰的是，有研究发现，音乐才能与数学能力之间有一定的相关性。音乐中的某些东西是通过数学方式表现出来的，比如：音乐结构、时间量度和间隔，所以，音乐将这两种练习有机地结合了起来。这些都增加了学习音乐的益处。我希望你们一生保持对音乐的热情与激情。愿我永远听到你们的音乐之声，家中余音绕梁。

A GIFT
TO
MY CHILDREN

第十七章

女孩的力量

A Father's Lessons for Life and Investing

——小贴士——

✪ 一旦你们逐步认识并了解自己,记住你们是谁,不要忘记。每当我不能坚持自我,不能坚持做自己最擅长的事情后,我都后悔,不论是在投资方面,还是在其他任何方面。

✪ 永远坚持人心向善。提高与改进是成长的根本原则。

性别观念的转变

我很长时间里都不想要孩子，部分原因在于，我是家里五个男孩子中的老大。在我整个孩童时期，我一直照顾他们，非常不容易。我知道，生养孩子要耗费大量的时间、精力和金钱。因为我的童年经历，我真不明白为什么还有人期盼着有孩子。朋友，我大错特错了。女儿们教会了我一种全新的生活方式。现在，我对见到的所有人说，对读过这本书的所有人再三重复：你们应该都要孩子。实际上，你在某一天应该回家吃午饭，开始创造下一代。如果你开始准备要孩子了，一定要女孩，而不是男孩。我这么说是因为，以我的个人经验，女孩子要优于男孩子。我知道这一点，是因为当我将自己的四个弟弟与我的两个女儿做比较时，结果发现，以往的性别优异之争根本不存在。

我对女孩子的偏好远不仅如此。从长远看，女孩在诸多方面远优于男孩。亚洲地区的女孩大量短缺。女性，在全世界，尤其是在亚洲，都在不同程度上被认为是低等阶层。这种情况正在改变。现在的最佳选择是成为一名十六岁的韩国女孩，因为，随着女性缺乏的状况继续发展，问题就会显现出来，女孩们的机会就会增加。

性别比例失衡将会改变就业、教育和婚姻。在亚洲，专职于离婚官司的律师，未来会是一个非常不错的职业，因为，多少世纪以来，女性不被允许提出离婚，她们现在意识到，自己可以提出离婚，她们有这个权利。所以，先生们，最好善待你们的妻子。如果做不到善待妻子，你就有可能被淘汰出局，因为女人们开始意识到，门外有很多男子在等待她们，或者是顾主们，或者不论什么人，所以她们会说："你滚吧！"

女性较之过去正在被赋予更大的自主权，这种权利只会越来越大。目前，在亚洲的许多国家，如果一个女孩结婚，女孩的家庭要付出一笔嫁妆费，才能让女孩脱离父母家。而一千年前的欧洲，情况却完全不同。由于多种原因，当时的女孩子非常少，所以，必须

第十七章
女孩的力量

是男孩子的家庭付出一笔彩礼费，才能让女孩嫁给他。男人们求妻若渴。那时，女人们管理着企业，管理着城市，管理着国家。女人拥有巨大的权力。这种情况将再一次重现。

也许，对你们来说，成为一名十六岁的韩国少女为时已晚，对我来说，成为一名十六岁少女也为时已晚，但如果我们能够变为一名十六岁的韩国少女，我们将会拥有一个远大前程。

作为女孩还有如此之多的优势，这就是为什么我拥有你们，我亲爱的女儿们！

A GIFT
TO
MY CHILDREN

第十八章

情感问题

A Father's Lessons for Life and Investing

小贴士

✿ 随着年龄增长，你们将会与男孩子们交往。当你听到那些荒诞可笑的承诺、赞美和恭维时，就特别需要你调用你自己的判断力。不要为了某个男孩而转学、搬家或换工作。让男孩子们跟着你走。

✿ 二十八岁以前不要结婚，多了解自己一些，多了解这个世界一些。

✿ 在你们的一生中，人们会让你们失望，有时甚至是非常亲密的朋友。试着忽视那些失望，从经历中获得经验。

✿ 当你们功成名就、如日中天的时候，人人都想认识你们。但是，当你们江河日下的时候，许多人会离你们而去。你们会知道谁是你们真正的朋友，因为不论是在幸福还是痛苦的时候，他们都会紧紧握住你们的手。同样，当朋友处于困难时，你们也不要抛弃他们。不抛弃朋友对你们来说没有任何损失，但他们会永远记住。

✿ 挚友惜日短。

初恋之情

我过去时不时地就坠入了情网。我不知道这是因为自己情感上的不安全感,还是其他什么原因,总之,只要遇到年轻姑娘,我就会爱上她们!我希望你们一定要比我有克制力。与此同时,我也不想让你们对坠入情网有一种担忧感,只是不要频繁地一见钟情。

我告诉过你们,我准备将你们锁在楼上,直到你们二十八岁。因为我觉得,十八岁时开始恋爱,你们不可能成熟、清醒地思考问题。在你们十八岁时,你们喜欢的男孩子也会非常兴奋,以至于你们会情不自禁、完完全全地沉溺于爱河。我见过许多这样的女孩子,也见过许多这样的男孩子。我在朋友之中也见过这样的爱情,我自己更是经历过。你们会如影随形、彻底地沉溺于这场风花雪月中。

但是，姑娘们，我告诫你们，一定要小心慎重，因为感情的热度是会降下来的，这一点我可以向你们保证。爱，尤其是年少时期的爱，稍纵即逝。年轻的能保持天长地久的爱是极为罕见的，这时的爱情，不会像你们这样十八岁的单纯真诚、满怀激情的少女期望的那样深厚、持久和永恒。有许多次，我都准备告诉你们，这个男孩子或者那个男孩子不适合你。我不知道如何将这样的信息有效地传达给你们。当你们如痴如狂地沉溺于这种爱情时，你们是不会相信周围人说什么的，也不会相信任何人能够理解或知道你们正在经历的感情的。

我们都听说过这样的故事，父母为了阻止他们的孩子与某人的关系继续发展下去而搬到另外一个城市，或者采取其他严厉的措施，都是因为父母觉得这个人不适合他们的孩子。大多数情况下，父母可能是正确的，不管怎么说，他们在这方面都比孩子聪明一些，也更有经验些。

我希望你们阅读并且记住我在书中谈及爱情的事情，因为当你们坠入爱情时，你们可以拿它作为参考，而且你们会听到父亲和

第十八章
情感问题

母亲的告诫："缓一缓"或"他对你不合适"。你们需要明白，初恋迸发的欣喜与情感冲动，绝非如你所期望的那样真实可信。如果正在那个时候我告诉你们这些，你们肯定不会相信我，也不会听我的。但是，在这个问题上你们必须信任我。我在这方面比你们更有经验，当然那是另一个故事。

伤心不已

我第一次撰写本书的时候，对伤心这件事，并不需要考虑得太多。但是，现在你们已是青少年了，快乐（不知不觉中，小蜜蜂也马上就到这个时期），你已开始关注男孩子了。你告诉我，你和朋友们坐在校园里谈论男孩子。这个消息很自然地引起了我的注意，因为我知道，爱情路上总免不了走向痛苦。我曾告诉你们，一定要

"远离坏人",现在,这一忠告对你们的意义远比过去更重要。

我这是经验之谈,因为,我自己就是一个坏孩子,知道坏孩子们能坏到什么程度。他们要给你们讲的故事,我都知道,因为我年轻的时候,也经常公开谈论应该给女孩子们讲什么故事听。男孩子们会告诉你:你是多么了不起,他们是多么爱你,你是他们的唯一,你最漂亮、最棒,以及你能想象出来的一切其他美好词句。你们必须有心理准备,因为,这些男孩子都会对你们说诸如此类的话,你们要意识到,你们会一次又一次地听到这类的表白。

关于男孩子们,还有一件事你们应该知道,男孩子的睾酮水平出奇地高,很难应对。正因为如此,有时候他们根本无法清醒理性地思考。他们可以采取欺骗的手段得到他们需要的,他们会利用你们。他们会尽一切手段,以图能够吻你、抚摸你,并引诱你上床。男孩子们在青春期都会出现这种情况,你们要做好心理准备。

我在这里谈了许多关于男孩子的事,当然生活中也有一些坏女孩。也许,我应该警告男孩子要当心这些女孩!我可以肯定,有许多女孩子为了得到她们想要的男孩子,不惜采取任何手段。所以,也许男孩子们也应该谨慎一些。人们曾告诉过我发生在新加坡的一些故事,说某某某是城中最潇洒英俊、十全十美的单身汉,所有的

第十八章
情感问题

女孩都在追他，互相争夺，费尽心思，用各种办法以图得到他。

你们已进入青春期，所以，你们必须充分意识到，男孩子肯定会追求你们，而你们的女朋友们也会追男孩子。你们一定要记住，一般来说男孩子在这个问题上更缺乏道德意识，而女孩子更能控制自己一些，所以一定要意识到这一点，慎重提防。你们也必须清楚，男孩子特别爱到处夸耀吹嘘自己追女孩子的战绩。他们会将自己"俘获的女孩子"讲给遇到的所有人，所以，一定要特别谨慎小心。既有坏的男孩子，也有讨厌的女孩子，当然还有乖巧懂事的男孩子、女孩子。假如你们一直是个乖巧懂事的女孩子，希望你们能够吸引优秀的男孩子，而不是通常见到的坏的男孩子。

尽管我年轻的时候是一个坏的男孩子，但我确实曾经有过伤心欲绝的感情经历。那次真的非常痛苦。每当我回首往事时，我都在想痛苦的原因，那是我初期爱情中失败得最惨痛的一次。更糟糕的是，那次失败成了一次公众事件。我输了，我们分手了，我在婚姻上彻底失败了。当时的痛苦简直不堪忍受。

我在本书中谈到了自杀问题，而当我想到自己经历过的极度伤心之事，想到人们在伤心痛苦时所经历的恐惧和沮丧时，也就不难理解为什么人们会想到以结束自己生命或自我伤害的方式来摆脱失败所带来的伤心和痛苦了。这样的案例发生过许多，一个男孩子跑去杀了一个要求结束他们之间关系的女孩子，或者是女孩子为了同样的原因杀害男孩子。因为爱，或因为失去爱，曾引发过许许多多的谋杀案。

我想要对你们说的是，如果你们一旦不幸遇到伤心痛苦的事情，你们一定能够承受并慢慢好起来。在那段时间你们可能不是这样想的，你们也许会觉得自己内心痛不欲生，感到窒息。你们会觉得自己的眼泪永远也不会断，每天都感觉暗无天日、风雨晦暝，觉得笑容再也不会出现在你们的脸上了。然而，情况并非如此。你们一定能够挺住，熬过这一关，今后的某一天，你们可能会感谢你们的幸运之星——那个让你们分手的人。

但愿我能告诉你们，你们的心永远也不会受到伤害，但我不能。因为，爱和伤心发生在所有人身上，人人都要经历。爱和伤心是生活的馈赠，也是生活的悲伤。这两个方面都是你们应该学习和了解的人生课程，它们能够教会你们许多东西。当它来临时，我多希望自己有能力将你们的悲哀、痛苦与难过通通驱除，自己承受这一切，然而，现实生活不是这样的。不管怎样，我都会支持你们，寄希望于你们，相信你们会再一次找到幸福，这一刻也许会比你们

第十八章
情感问题

想象的要提早到来。

　　经历痛苦并从痛苦中恢复，能使你们懂得很多事情。首先，它暴露出你们的弱点，同时也展现了你们的优势。其次，它教导你们经历并能够经受痛苦。它还给你们提了个醒，世界上还有许多男孩子、女孩子，不是仅此一人。

　　孩子们，当你们内心遭遇痛苦时，我想让你们知道，你们的母亲和我会永远陪伴着你们。如果你们想聊聊你们的痛苦，我会与你们并肩而坐。许多孩子不愿意谈自己的痛苦，但我希望你们说出来。我只想告诉你们，我深知你们心中的痛苦，你们可能承受不了。我让你们天天给我们打电话，说出你们的心事。我告诉你们哭出来，因为，哭没有什么不妥。自从有了你们以后，我哭得更多了！

　　女儿们，你们俩带给了我无限的快乐。有时，我只是安静地坐在那儿，想到你们俩如此出类拔萃，我就会禁不住哭出来。我坐在那儿哭得像个傻子！然而，这都是喜悦、快乐的泪水，是为你们带给我的无尽祝福和美好而流。

　　当你们自己抚慰受伤的心灵时，你们的眼泪所代表的意义截然不同，我愿陪伴你们一起流泪，用我的眼泪分担你们正在经历的痛苦。我会告诉你们，但愿我能够带走你们的痛苦，但我不能。我会用双臂拥抱你们，告诉你们不要紧，当然，这并不能阻止你们痛苦。

每当我伤心欲绝的时候，无论人们告诉我多少次，事情会过去的，我都不会相信他们。在那种状态下，从来没有人能够以说痛苦将会过去劝得动我。现在，我知道，痛苦一定会结束，一旦痛苦过去了，你会重新感到心境开阔、精神愉快。如果你的精神世界在某一时刻正在崩溃，请竭尽全力使自己确信，你就一定能够走出痛苦，摆脱困境。

你从痛苦中可以汲取到的经验之一就是，你知道了自己受伤害的程度。只有当你的心灵受到创伤以后，你才会意识到，在十六岁、二十二岁或二十四岁的时候自己能够承受何种程度的痛苦。然而，痛苦会随着时间的推移而消失，你仍将回到原来欢天喜地、乐观向上的幸福状态中。

你在经历分手的过程中可能会发现，事情的发展往往是否极泰来，因此，思想上有这个准备对你来说非常有好处。你可能会发现，你的男朋友有了另外的女朋友，令你愤怒发狂，内心受到极大的伤害。你可能想过谋杀，而你们双方可能都想过要谋杀对方，但是，请不要这样。而且，千万不要自杀或文身！

第十八章
情感问题

一旦你经历并走出了痛苦，你可能质疑自己当初为什么就会喜欢那个家伙，而现在却感到如释重负，因为你们不在一起了。你会认识到，这个曾经是你的一切的家伙，与你根本就不是一路人。

这个经验教训中还有一个重要部分，是我在以往长期的生活中体会到的，我相信诸多科学研究也已证明了我的观点。那就是，女人比男人更坚强，而且，能够在没有"备胎"的情况下就终止一段恋情或婚姻。当然，女性在某些时候确实得有个"备胎"才会分手，但多数情况不一定非要有"备胎"。

然而，男人永远不会轻易放弃一段恋情，除非已经有一个女孩在等待他，而且他有其他地方可去。作为长者，我经常把这些经验和教训告诉那些与伴侣分手的女性朋友。我问她们谁提出的分手，如果这位女性朋友告诉我是那个男人提出来的，我就知道这个男人有其他女朋友了。这些女性朋友总是反驳我的观点，然后列出一大堆其他理由，来说明男人为什么离开她们。她们说，如果男人有了其他女朋友，她们一定会知道。然而，毫无例外地，数月或数年后，她们都会回来问我是如何知道的。我告诉她们，因为，男人不如女人坚强，如果没有其他女人或其他地方可去，他们是不会放弃一段恋情的。所以，姑娘们，如果你正在经历一段恋情，而你的男朋友对你说，他需要一定的空间思考问题，或建议你分开一段时间，我想让你知道到底发生了什么事情——他有另外的女朋友了，你以后肯定会发现的。如果是这种情况，你就让他走吧。世界充满了诸多可能，有着无尽的希望，还有近40亿个男人在等待你。

终身朋友

你们一生中对友谊会有许许多多的认知和理解。你们已经有了很多朋友，我想这种情况不会改变。其中有些朋友将会成为多年挚友，而由于你不断转学以及由此产生的生活改变，你们会结交一些朋友，也会与一些朋友离散。

朋友之间最重要的是相互支持、赤诚以待，我一直为此而努力。最近，新加坡媒体刊登了一篇报道，涉及我的一位朋友。他来

第十八章
情感问题

自一个非常成功的家庭，以我来看，他一直是一个很体面的人。然而，据报道，他被警察传讯，他的公司也将面临破产。所以，我决定给他写信。我告诉他，我没有足够的金钱拯救他的公司，对他所遭遇的事情也无能为力，但是，我始终支持他。传达这样一个信息不会有太多影响，而我收到的回信却有巨大的感染力。

从他的回信中我获悉，他被许多朋友抛弃了。非常值得记住这一点，厄运可能会降临到我们任何一个人头上。将来，我可能还会遇到许多倒霉的事，也希望到时候朋友们不要都抛弃我。

就我朋友的案例来说，虽然有的时候，当时看上去似乎一切就像是一场灾难，但正义终究会到来，朋友一定会记住那些对他不离不弃的人。我们看到，人们常常因没有犯罪而受到指控。世界到处充斥着非正义和不公平，天天都在发生。即使某人有罪，表示一点支持也无大碍。我必须补充说明，你们不要相信从报纸上读到的所有文章，或相信你听说的所有事情。

我希望你们具备忠诚的品质和勇气，不放弃你们的朋友，即使他们正在经历艰难或遭遇厄运。如果你们对朋友做不到相互支持，那么你们根本就不是真正的朋友。

A GIFT
TO
MY CHILDREN

第十九章

生活与爱情箴言

A Father's Lessons for Life and Investing

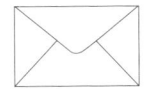

小贴士

- 永远不要问别人挣多少钱，或买某件东西花了多少钱。永远不要告诉别人你们的东西值多少钱。永远不要讨论你们挣多少钱或你们有多少钱。
- 靠行动证明你们自己，而不是借助谈论金钱。现在，许多人热衷于谈论他们的金钱，并且四处炫耀。我希望你们的生活方式不是这样的。
- 永远握住电梯扶手。我知道你们经常会行事匆忙，没有预料会发生麻烦。然而，世界上发生了许多折骨断筋、破伤缝针以及其他更严重的事故，皆因人们不屑于握住扶手。我认识一个人，从滚动下降的电梯上摔倒，至今仍瘫痪。握住扶手的成本为零。
- 学会使用“荷兰方式”打开轿车门。在荷兰，政府甚至培训人们一定要用远离车门的手开车门。这种方式迫使你在走出轿车门前，注意车后面发生的情况。
- 手机！天知道我们到底还要经历多少因沉溺于手机，精神不集中而发生的悲剧。

✉ 切忌衣着暴露

你们俩出生前,我从没有真正地注意过女性的着装。这听上去有些荒唐,因为,正如你们从本书前面几章中看到的,我一直非常喜欢和欣赏女性。但是,我确实没有真正关注或想过女性的着装问题。现在,我注意了!

现在,每当我看到一个妇女或小女孩,我都会注意一下,看她们的着装是否"清凉"——穿着超短裙,或者她们皮肤的暴露面积是否过大。如果我在某地看到年轻姑娘身着比基尼,我会自忖:"她们想要做什么?"我怀疑,她们是否想引起我的注意,或者其他男人的注意。

我苦思冥想以图明白，这些女人早上起床后为什么要这样打扮。我突然发现，自己想知道她穿的衣服是在什么地方买的，最初为什么要买这些衣服，以及她到底为什么要将这些衣服穿在身上！我在思考这些女性要向世界传达什么信息。

就在前几天，我在做一次演讲的时候，一名妇女来找过我。她离开后，快乐，你首先问的就是这个妇女为什么打扮成那个样子。她穿着一件非常非常短的裙子。她选择的着装令我很尴尬，当然也让你很尴尬。就为这一点，我为你倍感骄傲。

你选择着装，就是在选择传达某种信息。女人身着美丽、精致的服装，当然远比穿着满大街到处可见的服装可能会显得更性感、更具吸引力。当你们成年以后，你们会自然而然地希望自己看上去楚楚动人、千娇百媚，但你们不必要为此而打扮得像个放荡的女人。

关于穿着轻浮，还有一点要记住，如果你穿着轻浮，就是向外界传达某种信息，那类兼具某种劣行的男人就会有所回应。相信我，你们绝对不希望这类人回应你们。

你们将来会发现，如果你们的衣服过于暴露，样式如荡妇，很多人都不想，也不准备与你们有任何关系，对男孩子和女孩子来

第十九章
生活与爱情箴言

说，都如此。他们与我是一样的人，如果被看到与你们在一起，也会因为你们的着装而感到非常尴尬。你们会失去许多朋友，这些朋友是你们真心希望拥有的。当然你们也会吸引许多人，这些人都是你们最不想认识的。

我想让你们质朴纯真、坚持自我。你们必须通过你们的着装仪表，真实、自然地展现你们自己。也就是说，我希望你们内心一定要自信满满，清楚地知道，如果某个男人很好，你们完全可以征服他，而无须袒胸露臂。

如果着装经典、举止优雅，你们周围的朋友会倍加尊重你；反之，如果你的衣服半遮半掩，看着像个妓女，人们就不会尊重你。所以，当你选择着装的时候，想一想你要对外传达的信息以及你的衣着选择可能招致的回应。要清楚地明白自己要什么，不要什么。

✉ 伸出你的援助之手

多想想生活中那些时运不如你们的人，相当重要。这里有两个途径可以帮助别人，我对这两个途径都拥护，并提倡你们去做。

参与途径之一就是花费你们的时间去提供志愿服务。你们可以去专门的救济施舍站帮忙。一定要做这些事。你们会学到许多东西，而且这将是一段非常了不起的经历。我的母亲，你们的祖母，每周都抽出半天时间到一个叫作"特价商品店"的地方志愿帮忙。这是一个服务站，衣服和其他生活物品来自人们的捐赠。我母亲从在"特价商品店"的志愿服务中享受到了极大的快乐。因此，如果参与慈善活动和志愿服务能让你们享受到快乐，正如我母亲经历的一样，你们应该毫无疑问地去做。

我帮助人们的方法可能略有不同。我对你们说，致力于现在的

第十九章
生活与爱情箴言

工作，你们就一定会大获成功，因为你们热爱自己的工作。你们一定能够挣到很多钱，你们可以捐出一部分钱给救济施舍站。你们用这种方式帮助救济施舍站，最终的结果，远比每月到这些施舍站进行志愿服务更有效果。

当然，如果你们亲自到救济施舍站志愿服务，他们一定会喜欢你们。他们会认识到，你们是心地善良、品行出色的姑娘，而且他们也会注意到，你们在施舍站做得非常好。但是，如果你们给他们许多钱，他们也同样非常喜欢你们，一点也不会差。你们可以帮助他们建立连锁施舍站，这样你们能提供帮助的范围与规模会更大些，远比每次数小时零星分散的帮助更有意义。或许，最佳方式是二者兼顾，既做志愿者，又捐助。关键是，你们必须行动起来。

行得正，做得直

我早已认识到正直与诚信的价值。多年来，我也确实认识一些做事缺乏诚信的人，他们最终都陷于财务危机或更糟糕的境况。我了解到，这些人其实非常聪明，具备足够的智力，能以正确的方式把事情做好。如果他们采取正确的方式做事情，他们也会相当成功，绝不会比别人差。然而，正是由于只有他们自己才清楚的原因，他们采取了投机取巧的方式，以致破产、进监狱或自杀。

走捷径也许会成功，但如果你们最初就做正确的事情，你们也一样能够成功，甚至比试图走捷径更成功。你们具备足够的聪明才智，有能力把事情做正确，并大获成功，根本无须冒牢狱之险。

正直与诚信除其道德意义外，还具备实际意义。假如你最初就正确地做事，你就无须为之后纠正错误而担心。捷径不是行事之道，不要为之所动。

第十九章
生活与爱情箴言

◇ 谦卑为上

谦虚谨慎是幸福生活的至关重要的因素。我父母经常教导我，绝不要谈论自己挣了多少钱，或存了多少钱，或买东西花了多少钱。他们教育我要为人谦虚。

现如今，许多人迫不及待地要告诉你他们的房子值多少钱，他们的女朋友多么富有，他们的车值多少钱，或者他们穿的衣服是某种奢华款。而在这个问题上，我的父母和祖父母都教育我，绝不要像他们那样谈论这些事情。

女儿们，我经常对你们俩说，我们确实有一些钱，但我们并不是富人。你们告诉我说，你们在学校时，把我说的话告诉你们的朋友，而朋友们说你们错了。他们说，你们的父亲非常富有，所以你们也非常富有！你们俩都是好姑娘，对于这一点，我会不断地重复再重复。我不希望人们认为我们非常富有，所以一直保持谦虚谨慎的姿态。直到今天，我从不谈论金钱，我希望你们以我为榜样。

如果有人问你们，买这个花多少钱，买那个花多少钱，或者这个值多少钱，不要回应。就只说，你不愿意谈论钱的问题。对你们来说，以这种方式回应，其效果远比炫耀挥金如土，或声称自己的车价值500 000美元更好一些。

我在新加坡曾与劳斯莱斯的一名代理商共进晚餐，他极力赞美最新款的劳斯莱斯，竭尽全力列出所有理由，说服我们一定要买一辆。饭后我在想，我从来没有想过让你们坐在劳斯莱斯里面。这样做可能会毁了你们。我们开着一辆奔驰轿车就已经有很多麻烦了，如果再开着劳斯莱斯或宾利到处跑，那会是更糟糕的事情。所以，我告诉劳斯莱斯的那位销售人员，我们不需要，并谢谢他。我告诉他，那种轿车不适合我们家庭。也许有一天，女儿们，你们能够送给我一辆劳斯莱斯，但那是另外一回事。

绝对不要认为，靠谈论金钱可以给人留下深刻印象。能够给人们留下最深刻印象的是你们的知识。如果有谁觉得这么说需要一个理由，让他们来找我！

第十九章
生活与爱情箴言

❈ 诸多宗教兼收并蓄

在新加坡，多种宗教信仰共存，被普遍接受和尊重。你们有许多朋友或邻居是天主教徒、新教徒、犹太人、印度教徒、穆斯林和佛教徒。在这儿，所有教徒都能和睦相处。

我希望，你们在新加坡这种宗教环境中能学到一些东西，学会宽容与尊重所有宗教信仰。我希望，你们将诸多宗教中有益的精华内容融入你们的生活。你们在佛教寺庙和基督教堂花费了一定的时间，已经对宗教有了一定的意识，并且正在接受它们。

现在，诸多宗教冲突问题遍布全世界。到处都有因宗教不同而发生的战争。请继续尊重不同的宗教信仰，你们不要介入任何宗教冲突。除此之外，如果你们能够帮助其他人避免宗教冲突的话，你们一定要那样做。

和为贵，安冲突

没有人喜欢道歉，但这却是我们所有人必须学会的一课。如果我们学会在身处冲突的情况下说声"对不起"的话，我们就可以尽快地解决问题。

我一生中见过太多有关于离婚的事情，人们在离婚过程中，通常都伴随着愤怒、酸楚、争执和冲突。离婚律师们乐之不得，因为，这种情况正是他们所期待的，他们正是这样赚钱的。

在美国，由于夫妇之间经常发生旷日持久的争执，巨额开支都花费在了法律诉讼上。假如夫妇双方能静心坐在一起，在某种程度上互相承认双方错误，向对方说一声"对不起"，那么，最终的结果是双方都有一定的收获，又节省了大笔的费用。

如今，承认自己的错误是最难的一环，然而，说声"对不起"或认识到自己的错误至关重要，所以你必须心甘情愿地做到这一

第十九章
生活与爱情箴言

点。我们中的绝大多数人没有做到，也不愿意做。我们多数人倾向于认为自己是正确的，而且用尽全力去证明这一点。

但愿我能够与所有正在闹离婚的夫妇谈一谈，告诉他们放眼一年以后，想一想他们可能会发展到什么地步。我会建议他们，不要坐在这儿情绪激动地争论不休，耗时费钱，双方应该以更婉转、更理性的、更像商业谈判的方式，拟定出相应的离婚规则，也就是画一条分界线。按照这条规则，最终肯定会以这种或那种方式产生一个协议，不论是夫妇之间自己达成的，还是某一方争取来的，或是通过法庭协调宣判达成的。

五百多年前，西班牙人和葡萄牙人开始航海环游世界时，遇到了一个问题，两个国家都声称拥有"新世界"——西半球。他们即将要为谁是合法拥有者而进行一场战争。正当战争一触即发之际，某个明晓事理、卓具判断力的神学人士，来到罗马教皇面前寻求意见。两个国家既然都属于天主教，所以这是一个合理的决定。他们找到罗马教皇，说明矛盾。西班牙声称，"新世界"属于他们，因为是他们发现的这块大陆。而葡萄牙表示，"新世界"是他们的，原因也是他们发现了这块大陆。双方征询罗马教皇"新世界"到底属于谁。教皇看着摆在他面前的"新世界"地图，画了一条线。教皇告诉西班牙："这块是你们的。"然后告诉葡萄牙："这块是你们的。"这就是现在在秘鲁的人讲西班牙语，而在巴西的人讲葡萄牙语的原因。

如果我们能够想方设法解决纠纷，而不是激化矛盾，这个世界将变成一个更加平和、安宁和幸福的地方，我们都能从中受益。

尊重自己，尊重他人

人们所具备的一个重要品质就是尊重。既要尊重自己，更要尊重他人。每当我出差或要出去到某地演讲时，我总是与我的员工们沟通。他们可能只是负责接待来访的人，或是处理机票事宜，或者只是单取机票。无论他们是做什么的，我都会走过去，礼貌地向他们致谢。人们很容易忽视自己的员工，但我从不忽视他们。

第十九章
生活与爱情箴言

奇怪的是，只要我向员工表示感谢，人们就会对此加以评价。他们问我为什么要与员工交谈。我告诉他们，员工的工作其实让我们生活得更好。如果他们获得感激和欣赏，受到善待，他们会快乐，就会更努力地工作。

与前台接待人员打招呼、花一点时间与勤杂人员合张影，客气一些，礼貌一些，这些无须花费你的任何成本。你可以与各类大人物、商业大亨任意往来，但请你永远以尊重的态度对待你的员工。

倾听的益处

我对倾听极力推崇，经常努力地教育你们倾听的价值。你们从倾听中学到的东西，比滔滔不绝地说话要有价值。学会倾听是一门技巧。人们通常喋喋不休，甚至连他们自己都意识不到自己在说什么。如果你倾听，你就会捕捉到许多有用的信息。你可能听到，巴基斯坦的小麦市场是一个非常好的机会，或者，琼斯先生打了他的老婆。如果你倾听，然后根据所见所闻判断推理，就能收获良多，远比你自己没完没了地说一个小时要更有益。

孤独的圣洁

不要害怕独处，因为，孤独可能很重要。我也许属于略微孤独的人，但是，我仍然记得我生命中最美好的部分时光：所有人都出门了，只有我一个人在家，我将自己完全孤立，享受自己的世界，享受全部的时光。我拥有自己的一座城市，愿意去哪儿就去哪儿。只要我想去，我就立即跳进我的轿车，或者跳上我的摩托车，直奔海滩。

独处还能够让你有时间安静地思考人生，清晰地梳理思路。寻

第十九章
生活与爱情箴言

求独处，尤其当你正在忙于某个大项目或面临挑战时。独处有助于你发现解决问题的方案，有助于镇定自我。有些人喜欢享受热闹、繁忙的社交活动，不喜欢独自消磨时间。另有一些人需要被劝说才能出门。随着我们的年纪越来越大，我们越来越容易找到自己的喜好，有我们自己的生活方式，所以随心所欲。

我最初知道独处大有裨益，是我在牛津大学学习的最后一年。某个假期，我没有足够的钱出去旅游，所以只能待在朋友的家中，而他的家人都出远门了。那段时间是我最压抑的时候，因为那年年末，我将有一个至关重要的决定着我是否能够获得学位的考试。

在那一年之前，我一直是牛津大学赛艇比赛第二赛艇上的舵手，期待着今年能为第一赛艇掌舵。然而，令我惊愕和气馁的是，现在第一赛艇的舵手，曾在哈佛大学的冠军艇上掌过舵。我立志为第一赛艇掌舵，可是突然就迎来了强烈的竞争。

在我独处的那些日子里，我花了大量的时间深思熟虑，如何才能打败哈佛大学的那个小子，成为第一赛艇上的舵手。我意识到，我唯一能够采取的行动，就是真实地面对自己，全力以赴、集中精力，尽自己的最大努力成为最棒的舵手。我认识到，我必须为我自己的赛艇掌舵。我必须忽视他的存在，因为，他与我竞争舵手岗位，那是他的决定，我对此无能为力。

在选拔赛中，我拼尽全力，全神贯注，集中精力发挥我的能力。我保持低头的姿势，一丝不苟地掌着舵，做得比从前任何一次都要好。与此同时，曾经是哈佛大学的那个舵手，受其自负所困，以为单凭自己的资质就能够击败我。他不屑于想一想，我可能是一个真正的威胁，但愿他想过，因为最终我获得了第一赛艇舵手的位置！我们后来在比赛中继续击败了剑桥大学，至少部分原因是因为我在掌舵，新闻媒体是这样报道的。

对我来说，独处的另外一个有益之处就是，我能够集中全部精力学习，这是以前从未有过的情况，以至于我的考试结果相当出色。我意识到，也感恩于这种被迫的独处使我如此受益无穷。

之后的生活中，我曾住在纽约。每到周末，许许多多的人出门远行，整个城市安静下来，我就会慢慢地品味一个长长的周末，享受我的独处时光。无论我在世界什么地方，我都会继续享受我的独处时光，而且总能以这样或那样的方式受益。当我还是个孩子的时候，从没想过独处，但现在越来越珍视独处机会，希望你们也是这样。

第十九章
生活与爱情箴言

✉ 宽容的重要意义

直至今天，你们的生活一直都很幸运，尚未看到或经历任何形式的偏见和歧视，但是你们将来肯定会遇到。过去、现在和将来总有这样的人，由于心理恐惧或不安全感，需要在别人面前表现得高高在上。我们尽力培养你们容忍任何人，不论他们的种族或信仰如何。

正如我前面提到的，新加坡是个多民族、多种族的国家。这儿有大量的佛教徒、基督徒、穆斯林和印度教徒，当然还有许多犹太人和其他小种族群体。你们必须承认并且乐于接受他们。

在美国，同性恋行为、女同性恋者和同性婚姻，如今都已合法化，从前对这些群体的歧视正在逐步消失。根据统计数据，美国有百分之十的人口属于"男同性恋"，如果我们不打算把这类人考虑进去，或把他们忽略不计，我们可能错过一大批优秀的人才。我的亲表兄妹中就有一人是同性恋者，远房表兄妹中也有一个。因此，从统计学角度来说，我们家庭的同性恋比例属于较低的。

严格来说，男同性恋行为在新加坡仍属非法，但幸运的是，男同性恋者已被大多数人接受。研究显示，同性恋行为是由基因演变引起的，只是性行为的一种差异，与眼睛或头发的颜色差异非常相似。我们有一些非常要好的朋友，还有那些为你们登台演出和提供过帮助的人，他们中有的人也是同性恋者。其实他们与其他人没有任何不同，无论他们的性取向如何，你都要接受他们。

我成长在一个非常小的城镇，被称为"黑带中心"，因为它位于肥沃的狭长黑土地带的中心，这段狭长的地带从佐治亚州延伸至密西西比河。这个地区的种植园有二百多年的历史。当我还是个孩子的时候，这儿的绝大多数人是黑人，种族隔离为社会所接受是正常现象。

我在高中的时候，曾在一家超市打工。这家的员工大部分都是二十多岁的黑人青年，他们聪明有趣。我从他们身上学到了不少东西，与他们一起度过愉快的时光，然而，我们在工作之外却从不交往。我直到今天还记他们的名字是"伯德"、"斯柏普"和"艾迪"，而且多年后与他们又联系上了。正如其他聪明、有志向的黑

第十九章
生活与爱情箴言

人一样，他们也都迁移到了北部。

1964年，我在耶鲁大学学习，在1000名学生中只有5名是黑人。结果，我与其中一名黑人学生被分配在同一房间，可能是因为我有过和黑人相处的经验，我觉得这个人和我有些亲近感。我住纽约的时候，我经常花很多时间去哈莱姆黑人区，因为在那儿我有家的感觉。我带许多朋友去过那儿，我惊讶地发现，至少一开始的时候，大多数朋友都感到非常害怕，尤其是我带他们去地下俱乐部时。

我是"祖鲁社会援助和社会交俱乐部"的第一批白人会员之一。这是新奥尔良地区古老而传统的黑人民间组织，该组织主持"狂欢节"期间的盛大游行。所有人员必须把自己的脸涂黑参加游行，穿着草裙。我带你们的母亲去过那儿，她非常喜欢那个盛大游行。你们的母亲生长在北卡莱罗纳州的一个小城市，那时种族隔离制度早已废除，所以，她是与许多黑人朋友一起长大的。她也喜欢在哈莱姆黑人区跳舞、进餐，我们俩都感觉像是在家里。我特地重点说明了这一点，是想让你们能够意识到自己的根，了解你们的母亲和我，使你们认识到，你们俩都是在没有歧视和偏见的环境里成长起来的。

你们目前住在新加坡，这是一个多民族、多宗教信仰的国家，你们来到这儿以后，就完全融入了多民族和信仰之中。你们有来自不同领域的信仰不同宗教的朋友。我根本不相信，你们在未来数年会遇到任何种族或宗教歧视的问题，这也是我们住在这儿的原因之一。

在你们慢慢经历和体验人生的过程中，你们一定要热忱善待周围的人。对所有人都要开诚布公，因为保持这样一种心态和思维方式，你们能够学到许许多多的东西，发现更多的机会。你们也会遇到坏人，但这是生活的一部分。你们会认识到，人们不能因为他们的种族或宗教就不是坏人，同理，人们也不会因为他们的种族或宗教就不是好人。

我成长在俄克拉何马州，周围有黑人、白人和美洲印第安人，这是我祖父母生活的地方。这儿有我的爱。如果你们拥抱、接受每个人，就像你们现在做的一样，你们将来会更幸福，拥有更富裕的生活。

✉ 善待健康

在我还是个小孩子的时候,因为某种原因,我回忆起母亲曾说过,健康是一生中的重中之重。当时我大概十岁,记得我仰起头望着她,迷惑不解地想知道母亲到底在说什么。我冲着她笑了笑,然后说:"谁在乎呀!"

现在,我知道了身体健康带给自己的回报,认识到健康的重要性。你身体越健康,你就会越幸福,因为,你没有任何疾病,就有可能更长寿。即使你没有活得那么长久,你也会因为身体健康而享受满意的生活。我对健康的建议是,听你们祖母的话。我知道自己已经老了,我的母亲也已年迈,但是你们要记住这一点,锻炼身体,关注自己的健康。

不要评判他人

我曾谈及评判他人这个话题，但仍愿意在这里重申这个话题。请不要评判你们所遇到的每一个人，相反，要试图站在他们的角度理解生活。我想我不是第一次对你们这样说，如果你们穿着别人的鞋子走上一英里（英美制长度单位。1英里合1.6093公里。——编者注），你们绝对会有一个不同的观点。

随着年龄的增长，我越来越认识到，我们宽容别人，倾听别人，而不是去评判他们，我们的生活就会更美好一些。你们也许最终无法与他们达成一致，但请不要争执吵架。你们如果最终无法容忍他们，就尽最大努力理解他们。

我有时在想，如果我们喝喝啤酒，跳跳舞蹈，不去评判别人，也许这个世界会更美好。

A GIFT

TO

MY CHILDREN

第二十章

勇于冒险

A Father's Lessons for Life and Investing

—— 小贴士 ——

✻ 有许多人年龄看上去老到可以做你们的父亲或爷爷,但他们不会将你们作为他们的女儿或孙女看待。

✻ 永远相信自己的直觉,它不会误导你们。

✻ 重视自己的隐私。不要追逐名望或名流,那些都是空洞无物的,不会带给你们任何期待的东西。如果有了名望,要保持低调。名望能够毁掉许多人,尤其是对于那些过早获得名望的人。

✉ 勇敢闯荡

　　看到你们俩都继承了我的冒险精神，我非常高兴。快乐，有一天，你从学校回到家，对我说，你希望换一个环境恶劣、充满危险的学校。虽然我想让你得到最高水平的教育，去顶尖的学校，并且你现在就在最顶尖的学校，但我也不介意送你去艰苦一些的学校待上几周。问题在于，新加坡根本就没有环境恶劣的学校，不像世界上许多国家都可以随便找到差的学校。所以，目前我还不能满足你的要求，我对你的这种冒险精神予以极大的鼓励和支持。然后，大概一个月左右之后，你回到家，说你要去朝鲜！这很好啊！你可能不知道，我已去过两次了。

　　我曾驾驶摩托车环游世界，也曾驾驶汽车环游世界。我喜欢体验生活，热爱冒险。在我们全家旅游的时候，我向你们尽显所能，培养你们对世界的兴趣以及探索、了解这个世界的激情。

我愿你们有勇气打破常规路线，踏上寻求冒险的征程。我之所以这样说，是因为，如果你们像其他人一样，千篇一律地完成在南洋的学习，然后上普林斯顿大学或类似的大学，找到一份工作，结婚，那么你们根本没有可能体验生活的全部。你们越是打破常规路线，就越有利于你们体验生活，否则，你们就会错过很多精彩的生活和各种各样的机遇。我要教会你们做的事情是其他人不可能教会你们的。

寻找危险之地

每当我旅行的时候，总有一个地方我一定要找到——城中最危险的角落。我这样做是因为，尽管人人都认为那儿是最危险的，但

第二十章
勇于冒险

是我知道，城中最危险的角落，其实根本没有那么危险。我住在纽约时，经常去哈莱姆黑人居住区。不论是女朋友或是其他朋友陪我去，都没有关系，但是每次当我告诉他们说去哈莱姆时，他们都有些害怕。但是，他们最终还是玩得很开心。

有一次，我发现了一个秘密俱乐部。它的入口处被木板钉死封住了，但如果你径直走过去敲敲门板，离门板两米远的地方就会打开一个小孔，某人往外看看，决定是否让你进去。我有一次带着一个人去过那儿，这个人过去曾为英国广播公司采访过我。我带他到那儿，他当时真的吓坏了。然而两年后，他给我打电话告诉我说，他的父亲马上到六十五岁的高寿了，问我，他是否能带他父亲到那个秘密俱乐部庆祝生日。"当然可以。"我告诉他。那个俱乐部的名字叫"爱之巢"。就在某个晚上，我们又回到这个俱乐部，有一名黑人舞女在吧台上面跳着裸体舞。她走过来，居然就在他的眼前跳舞。他惊得目瞪口呆，但又非常享受。记住，这是生日派对。我体会到，只要你有胆有识，勇于冒险，你就会面对许多全新的、不一般的经历。我曾经带着一名美国著名女性杂志的负责人，专程到哈莱姆黑人区一个被称为"艾迪社交俱乐部"的地方。她非常担心，简直吓得要死。但当门一打开，她看到了一排排的"老虎机"，转过脸来冲着我乐了。她终于意识到，流连于这种狂野兴奋的地方，远比在公园大道散步更能体验到快乐。这与她的最初想法恰恰相反，我们都没有被枪杀。

有一次，我在日本东京，日本广播协会电视台在追踪拍摄关于我的一部纪录片，片名是《吉姆·罗杰斯的一天》。我告诉摄影小组，我晚上要去东京城里最危险的区域。一开始，他们试图告诉我，东京就没有这样的危险区域。然后，他们告诉我，有一个韩国黑手党经常光顾的地方。所以，我认定那正是我想去的地方。日本广播协会电视台的人立刻就慌了。他们说："我们不能去那儿，决不能去，决不能去。"但是，他们的任务是跟拍我，所以他们不得不跟着我去。我的天哪！这个最危险的区域也太无趣乏味了！只有一些商店和餐馆，与东京其他区域差不多。真是太郁闷了。日本广播协会电视台的小组也觉得自己荒唐可笑，对到这种地方过于大惊小怪。

还有一次，我在密西西比州某个城市的博物馆做演讲，市长、银行总裁以及市里所有重要人物都参加了演讲后的晚宴。晚宴结束后，我告诉他们，我想去"低级酒吧"。你们可能不知道，"低级酒吧"是一种很特别的酒馆，人们来到这儿喝啤酒，玩匕首格斗

第二十章
勇于冒险

游戏、跳舞或打花式台球。在场的所有人都试图告诉我,这座城市没有"低级酒吧"。"行了,"我告诉他们,"南方每个城市都有'低级酒吧'。"所以,我再次给警察局打电话。警察局告诉我,城里有两个"低级酒吧",并且告诉我如何找对地方。我拿着电话,大声地重复着警察告诉我的一切,并注意着周围所有人的反应。"天哪,你可不能去那儿,"他们说,"你会被杀死的。那个地方不是'低级酒吧',是一个更危险、更可怕的地方。"我告诉他们,我一定要去"低级酒吧",既然我是他们邀请的来自纽约的尊贵客人,他们就有义务陪我一起去。

我们都披上大衣,穿着西服,打着领带出门了。当我们到"低级酒吧"时,这儿的老主顾们看着我们,问我们是不是到这儿来砸场子的。我告诉他们无须紧张。我说,我们刚刚参加了一个婚礼,到这儿就是为了享乐一番。

接下来发生的事情是,市长往吧台方向看去,看到自己的女儿也坐在那儿。她的女儿对她母亲尖叫了起来:"你在这儿干什么?"市长反过来冲她喊道:"你在这儿干什么?你不能待在这个'低级酒吧',我可是市长!"普天之下,诺大城市,市长和女儿偏偏在"低级酒吧"相遇了,母女俩都没有想到,双方各自都知道城里有这么个地方。

那天晚上我们玩得欣喜若狂，所有人都过得非常开心愉快。你知道吗？根本就没有匕首格斗，也没有人被杀！

保证安全

我在这儿写下个人之前的奇遇和冒险行为，现在我最为感激的是，有了你们俩之后，我充沛的精力已大为改变。我希望你们无畏、勇敢、富于探险精神，但我更希望你们俩保证自己的安全。我已经教导过你们要小心翼翼、善于观察。

其中重要的一课就是，如果你们正沿着大街行走，有人试图抓住你们，你们必须跑上马路，哪怕有可能被车撞上。这听上去有些极端，但会导致车辆立即停下来，引来大街上的人们驻足观看。明

第二十章
勇于冒险

确一下,我说被车撞上,并不是说要你们跑到车前面,被车撞死。我的意思是要跑到马路上,如果躲不开,就被轻轻地撞上。只要你们被车撞上了,一定会引起尖叫、恐慌和喧闹,警察很快就会到来。这个潜在的犯罪者就会马上逃跑。结果你们可能会有瘀伤或胳膊骨折,但你们至少不会被猥亵、强奸、劫持、袭击或杀害。

你们还应该相信自己的直觉。有时,你们可能不确定自己为什么对某种情况有一种不安的感觉,你们如果确实有这种感觉,就马上走开。你们如果认为走开可能会错过什么,没有关系。你们如果感觉到不对劲,也立即走开。其他地方也有许许多多的海滩聚会、酒吧、餐馆,可以享受,也有许许多多的人可以一同出游。你们如果因为感觉不对劲而错过一次活动,没有任何关系。你们的直觉最清楚。

益友同行

作为一位为孩子牵肠挂肚的父亲,我比较担心谁是你们的朋友,这种担心不会随着你们年龄的增长而改变。我早就想到过,如果你们开始与不良群体交往,会发生什么情况,比如酗酒的男人,或不尊重女性的男人,或殴打女人的男人。我努力教导你们要行为有则、明察秋毫、道德高尚,绝不要你们成为遭诟病的荡妇或妓女。

自从有了你们俩之后,我一直在想,为什么有些女孩子喜欢与许多男人上床,我认为这是因为她们没有安全感或者在家不幸福。也许这些女孩子的父母实在太忙,没有时间照顾她们或者对她们不关心。她们来自破碎的家庭,在这样的家庭里,她们感到没有人爱她们或关注她们。或许,躺在男孩子的怀抱里,对这些女孩子来说,是对在家中缺乏关爱的一种补偿。很难理解女孩子为什么与许

第二十章
勇于冒险

多男人上床,但我真的不希望,绝对不希望你们也是这样的。

最近,由于唐纳德·特朗普声称对名人来说,女人很容易上手,引起了一场轩然大波。通常的表述方式是:明星乱搞女人,此言极是。我认识许多有名的人物,他们都证实了这一点。我对个中缘由不算清楚,但很显然,一些女人被名人吸引。我只能规劝你们,如果你们曾有过这类想法,请尽量避免这种冲动。这类男人一无是处,只想利用女人,因为这种关系不会有任何结果。我无法想象为什么名人对女人有这么大的吸引力。我怀疑,这些名人会告诉全世界:啊,我和那个谁谁睡过觉,就像是在谈论某次经历。那些无耻卑劣的小人做过这些事情后甚至不记得对方的名字。所以,如果有任何诱惑,一定避免此类冲动。

我每天都在努力地向你们表明,我对你们的爱有多么深厚,你们对我的意义有多么重大。我尽量多与你们共进晚餐。最近,我读到一篇文章说,一个家庭里的成员经常在一起吃饭,对孩子未来的发展有相当重要的影响。只要我有时间,只要我没有出差,我就会在家里,我经常与你们一起吃饭。诚然,如果我在旅行,我就无法做到了。但是,每当我在新加坡,对我来说最重要的事情就是与你们一起吃饭。

只要时间允许，我还会送你们到学校上学，下午再到学校接你们放学。我希望自己已经尽职尽责了，但我不知道做得够不够。我希望，今天我为你们所做的一切，不但有益于你们现在，更有益于你们今后的成长。你们三十年后才能告诉我，我做得究竟怎样。

学会看地图

当我还是个孩子的时候，我父亲教我看懂地图。快乐，不久前你来找我，问我为什么没有教会你看地图。我说，因为我们从来没有开车去过任何地方，我们都是乘飞机或乘坐其他形式的交通工具。

即便如此，我们家也大约有30个地球仪。我喜欢到处摆放地球仪，因为，每次环球旅行回来，我就会觉得它意义非凡，愿意在家

第二十章
勇于冒险

里看到它。

我们经常使用地球仪。每次我们旅行的时候，我就把你们领到地球仪前。如果我们去伦敦，我就转动地球仪，让你们在上面找伦敦。或者，我们谈到某个国家的时候，我们也走到地球仪前，在上面找到这个国家。或者，我们有国外客人来访时，我们也会走到地球仪前面，找到客人是从什么地方来的。如果客人是瑞士人，我们就在它上面找到瑞士。

虽然这不算是教你们看懂地图，但是，我竭尽全力告诉你们我所知道的世界。大多数美国人在地图上找不到加利福尼亚，他们在地图上也找不到太平洋。他们根本不在乎自己的无知，因为，他们根本不认为自己应该知道这些地方在地图上的位置。人各有志，我认为，我的孩子以及所有人，知道太平洋在地图上的位置是非常重要的事情。

也许有一天，我会教你们看地图，然而，现在人们都没有地图。他们只需要拿出手机，某个软件就会告诉他们从伦敦到爱丁堡最近的路线。如果我一页一页地教你们翻看地图，你们可能会问我在干什么。你们可能会告诉我去"谷歌"一下。我教你们读懂地图的机会看来再也不会有了，但是我愿意教会你们认知世界。

A GIFT

TO

MY CHILDREN

第二十一章

了解金钱

A Father's Lessons for Life and Investing

—— 小贴士 ——

✪ 生存不是为了赚钱,而是为了每天学习。但是,对金钱的了解一定要尽早,因为,金钱能够且已经毁了许多人。你们如果确实获得了大笔的金钱,就要极为谨慎小心,因为,金钱可能以各种形式带来毁灭。你们一定要脚踏实地,实事求是,不要匆忙地大笔花钱。没有比到处炫富,花钱如流水更恶劣的了。

如何投资

如何投资听上去简单，但是，当你们成年以后，你们就需要了解金钱。多年来，我遇到过无数的人，特别是十几岁或二十几岁的年轻人。他们对金钱都没有了解，没有真正理解金钱的意义。

获得一份工作最重要的原因之一，是你们能够理解金钱的作用。今天我们所处的社会，人人都可以轻而易举地借到钱，所以，许许多多的人最后都债务缠身，包括信用卡欠债或其他这类那类的债务。他们之后才发现，他们无法偿清债务，突然间就陷入了财务麻烦，以致连房租都支付不起。他们根本不明白到底是什么地方出了问题，所以他们不知道自己为何就到了这般田地。

早期就对金钱的价值有所了解非常重要。你们必须学会在金钱问题上严以律己，如果你们做不到这一点，你们将来就有可能遇到许多问题。我能想起来，这么多年遇见的太多人，从二十多岁到五十多岁，在金钱问题上都遇到过巨大的麻烦。其原因就是不理解。金钱不是长在树上的，你必须盯住你的支出，你必须让你的钱活起来，即使是存在银行，收取极为可怜的利息。

如果你们成为一名金融投资商，我能够教你们最重要的一课就是：坚持自己的所知和主见；不要听那些家喻户晓的小窍门；不要通过看电视获得小窍门；不要上网；不要从报纸上找寻风靡一时的小窍门。人人都想要小窍门，人人都有许多流行广泛的小窍门。不要理会这些东西，只在你们自己最熟悉的领域投资。

成功的投资商不会依据这些小窍门对投资选来选去。他们只投资于他们熟知的领域。你们就要成年了，正在了解和学习许多有关时尚、汽车、运动，或者完全不同的知识。但是，不论你们最熟悉和最了解的是什么领域，一定投资你们确信的。

如果你对某个特定行业非常了解，那么你就要努力比我更了解该行业，要比其他任何投资商更了解。这样，当你看到时尚领域或汽车领域有什么新动向时，你就能够立刻认识到，这将是一个成功

第二十一章
了解金钱

的机会，因为跟踪了解该行业是你的爱好与热情，也是你的兴趣所在，更是你不断阅读相关报道和研究的结果。

举例来说，如果你对汽车行业感兴趣，你可能每次上网都要浏览网站的汽车板块。你也会阅读各类报纸的汽车专版。当你发现汽车行业出现某些创新的时候，你就会意识到这可能是一个机会。这就是你成为成功投资商的关键。你会比我更早发现机会，也会比华尔街更早，因为你现在就已经每天在关注了。

同样，你会比其他任何人都知道在何时出手，因为你能够预料将要发生的变化。也许某种新款电动车正在上市，或某竞争者正在推出一种更先进的产品，或韩国有能力制造出更好的便宜货。不论是什么情况，你都会比其他人更早地知道何时退出市场。

如果我告诉你，人一生中只能进行二十五次投资，你就要非常谨慎，就不会轻易地总是在这个投资项目和另一个投资项目之间转来转去。你就会等待，直到看见钱已经堆在角落里，这时你才会采取行动，直接走过去，大把大把地抓起钱，收进自己的口袋。你们就应该这样投资。

如果你的投资大获收益，注意，那正是隐含危险的时候。因为你有了感觉自己非常聪明的苗头。你变得相当自信，也许过于自信,认为你立刻就能够再次获得成功。这时,你应该偃旗息鼓,闭门赋闲一段时间。你可以到海滩去,静下心来等待,直到你不再过度兴奋,不再自以为是,不再狂妄自大。

人人都喜欢参加一些晚会,议论正在上扬的股票市场,但是,不要听他们的。等待,直到你依据自己的研究,对某事有了十全的把握再行动。没有人愿意听这个建议,但是你必须耐心等待,你必须克制自己。如果你想要成为成功的投资商,这是你必须要做到的。如果你采取其他任何方式进行投资,你可能不会是一名成功的投资商。

关于投资,还有一个极为重要的经验就是,绝不赔钱亏损。如果你刚刚以某个利率点做完复合投资,即使是很低的利率,未来数年或十年也会实现巨大增长。真正让复合投资破产的原因在于,你是否有亏损。如果你亏损一年、二年或三年,那就毁了你的复合投资。这时,你最好进行资产投资,而不是进行复合投资。

第二十一章
了解金钱

他山之石，可以攻玉

我从过去的岁月中学到，并铭记至今的重要经验之一就是，如果你能够琢磨出资金的往来情况，你必定会大受裨益。要做到这一步，你就必须研究、分析谁将通过什么方式挣到钱。美国政治尤其如此。了解华盛顿地区的真正秘诀，就是研究、分析金钱状况。

如果你能够推算出谁将赚大钱，他们为什么赚钱以及如何赚钱，你就能够分析出事情的来龙去脉。美国对此的专业词汇是"一路向钱"。

真相是，通常情况下赚钱是很难的，因为，那些企图操纵汇率或提出新的法律条文的人，绝不会说："注意，如果你按照我的方式做事，你就能够赚到钱。"他们不会这样说。相反，他们声称，他们的所作所为是为了国家和人民的利益。但是，如果你能够"一路向钱"，赚钱就能够引领你在政治舞台、慈善事业或社会生活方面获得成功。

我给你们举一个例子。我曾经做空房利美公司，那是政府建立的一家公司，联邦国民抵押贷款协会通过购买现有抵押贷款向住房贷款市场供应现金流。从根本上说，这家公司帮助人们购买住房。这家公司的财务报表告诉我，该公司涨幅极大。我敢说，这家公司已经隐瞒了损失，而且无法找到解决问题的出路。

我正巧与一位美国参议员聊天，向他解释我的担心。我告诉这名参议员，如果房利美公司垮掉，我希望他的个人声誉不会受到损失，因为，我经常在媒体上预言该公司将要破产。他打断我后，继续解释说，房利美公司是政客们的慷慨捐助商，但政客们刻意隐瞒这一点，因为确实易遭非议。如果某位国会议员希望在自己的选区建一个新的公园，他或她就会给房利美公司打电话。房利美公司就会出钱建设这个公园，而议员因此获得声誉。每位参议员和国会议员都涉及此类交易，因此，该公司受到华盛顿政府的青睐，人人对此都熟视无睹。

我作为一个唱反调的人，承担了一定的风险，因为，该公司不断受到保护，也就继续任意而为。当时，我对住房项目非常不乐观，知道不久的将来就会崩溃。而当我了解到房利美公司是如何公然挑战金融运作和经济规律时，我就知道，这家公司不会生存下去。某件事只要不能永远继续下去，那么它终究会结束。我不是第一位指出这一规律的人。